幸存者

手游创业之红海博弈

唐一辰 ◆ 著

U0392736

北京大学出版社

PEKING UNIVERSITY PRESS

图书在版编目(CIP)数据

幸存者：手游创业之红海博弈 / 唐一辰著.—北京：北京大学出版社，2016.9
ISBN 978-7-301-27343-2

Ⅰ.①幸… Ⅱ.①唐… Ⅲ.①移动终端—游戏程序—程序设计
Ⅳ.①TN929.53②TP311.5

中国版本图书馆CIP数据核字(2016)第176446号

内容提要

在手游创业的路上，他们怀揣着雄心壮志涉足凶险的红海，只为找寻一个有关于"好游戏"的答案。艺术还是技术？创意风暴还是产品营销？情怀至上还是生存为王？在寻找答案的征途中，点子、资金、团队、产品……它们至关重要、缺一不可，却又并不完全值得信赖；它们是创业者们赖以自卫和反击的利器，却又似乎并不能让人立于不败之地……

本书将带领读者揭开红海博弈的秘密，探寻手游创业圈里的生存之道。

书　　　名	**幸存者——手游创业之红海博弈**	
	XINGCUNZHE——SHOUYOU CHUANGYE ZHI HONGHAI BOYI	
著作责任者	唐一辰 著	
责 任 编 辑	尹　毅	
标 准 书 号	ISBN 978-7-301-27343-2	
出 版 发 行	北京大学出版社	
地　　　址	北京市海淀区成府路205 号　100871	
网　　　址	http://www. pup. cn　　　新浪微博：@ 北京大学出版社	
电 子 信 箱	pup7@ pup. cn	
电　　　话	邮购部62752015　发行部62750672　编辑部62580653	
印 刷 者	北京大学印刷厂	
经 销 者	新华书店	
	850毫米×1168毫米　大32开本　7印张　150千字	
	2016年9月第1版　2016年9月第1次印刷	
印　　　数	1—4000册	
定　　　价	49.00元	

前言
Introduction

一个创业者的"家长里短"

相比较与创业和成功学有关的心灵鸡汤，我更愿意与大家多谈谈"家长里短"，因为我深知，什么才是创业真正的障碍和基石。

1. 我是谁

我是一个独立游戏人，一个游戏制作人，一个游戏策划人，一个游戏美术者，一个游戏测试者，一个创业者。

与此同时，我是一个女儿，一个妻子，一名家庭成员。一个传统的家庭倾向于要求一个女性多花些时间用以"相夫教子"；一个传统的社会亦要求一个男性"养家糊口"，多一些"踏实勤奋"，少一些"异想天开"。

因此，无论作为一个男人还是一个女人，在创业这条道路上都注定会遇到相当多的障碍。从这一

点来说，在创业者群体中，似乎实现了某种意义上的"男女平等"，这种平等的结果在生活中的具象体现便是不论男女，三十一过，一旦我们还在创业的热潮中"颠沛流离"，周围的"七嘴八舌"便多了起来，彻底打破了之前的"隐忍不发"。

有人说：你至少该找个单位挂靠。

有人说：做游戏怎么会靠谱？想创业也要搞个"实业"。

有人说：如果不想上班，可以找个代购来做做呀？

……

实则我年纪尚轻，资历也太浅，有着那么一句"年少不怕失败"做后盾，境况便要好得多了。然而上面所说的情况在我的朋友中间屡见不鲜，这也就是为什么我的那些对创业蠢蠢欲动却又难以付诸实践的朋友们总会在我所发布的游戏资讯底部"见景生情"、触目兴叹："唉，我也想创业，只是没魄力。"

每天看多了这样的怅然嗟叹，时间一长，便免不了涌起些无厘头的"悲天悯人"情怀来。即便是我这样的年轻识浅，也往往会发出那么一两句挺做作的感叹："生活真不容易。"

我那快人快语的母亲听了便说："生活有什么不容易的？所谓'生活'，不就是生下来、活下去吗？"

听罢此言突然觉得很有道理，生活的确无非就是"生"下来，"活"下去。

生活的本质很简单，对每个人来说都没有任何的不同，无论你是公司白领、车间工人、流浪者还是一名成功或尚未成功的创业者都是一样。

然而"生"非我所愿，如何"活"是我们一生中唯一紧握的选择权，至于创业也不过是我们生命里千万分之一的一种可能性，推及手游创业，便是亿万分之一的一种。

实则创业或者不创业，都本该是件很简单的事，选择了创业的创业者无疑是勇敢的，而选择了放弃创业的人无疑是为他人负责的；对于前者而言，"成者为王，败者为寇"的言论从来无关你我，大可交由好事者或后人评说；对于后者而言，"没有上进心、毫无魄力"的想法也只不过是我们为自己设下的"障眼法"，因为这世上从来便没有什么"应该"或"不应该"，只有"想开"与"想不开"。

当然，我如今能坐在这里翻飞手指，敲击键盘，侃侃而谈，完全要归功于我亲爱的家人和朋友：因为我的先生是我的"革命伙伴"及"灵魂伴侣"，是一名与我一样"不务正业"的"无业游民"；因为我的父母是对传统社会"教育制度"和"价值观"的"革新者"，他们以我们为骄傲；因为我的公婆善良而博知，他们是我们强有力的精神后盾……

那么我是谁？

我，只不过是一个"站着说话不腰疼"的"讨厌的"看客，也是你们当中的一员。

2．这本书写的是什么

有人说中国人和外国人写书的特点是不同的。

中国人写书喜欢执着于"有条有理"，凡事都必总结出规律，再将这些规律以"一、二、三、四……"条井然有序地排列开来，让读者不必通读全文也能一目了然。

而外国人写书喜欢从"大格局"着眼，"小格调"着手，通篇穿插着自己的故事和体会，绝不"善于"总结提炼，却也不至于杂乱无章，往往读者读到最后一页才能了解全书中作者的创作意图，且书中主旨往往"只可意会不可言传"。

从大局上看，中国人似乎更形式化，"老外"更坦诚开放。

从写作内容上看，这大概是源于中国人更喜欢追求教程上的传授，外国人更推崇经验上的分享。

那么我写的究竟是教程还是经验？

大约两者兼有之。

对于手游行业，我从心底里对有关"成功产品"的教条模式化的"说教"感到厌恶，我也反感那些在"臭名昭著"的营销问题上大谈"拜金主义"的"险棋妙招"，以及自成体系的关于"渠道为王"的无谓分析。

在我的身边，却偏偏有许多创业者对"营销"比"研发"重要，"运气"比"品质"重要，"巴结"一个实力雄厚的渠道商比一切都重要的理论深信不疑。

所以，这促使我在撰写此书的时候把更多的精力放在了对游戏产品本身和团队内部建设的探讨上，而对行业内那些如火如荼的"营销"及"流水"泡沫不做深究。从这个角度来讲，我的写作内容是经验大于教程的。

然而，在这个如今"经验过剩"的行业，成功者的经验听之不尽，失败者的经验不足取信，毕竟我们要写的不是一本"××的创业史"，能对手游开发者和创业者提供切实有力的帮助才是重中之重。故而我在书中分析了诸多案例，也以此对各行各业前辈们的一些经验之谈做一次新的验证和定义，在一些重要内容里同样学着国内的作家学者们梳理出一些条条框框以供读者参考。从这个角度来看，我的写作内容是教程大于经验的。

事实上，即便读罢全书，说不定也还是有一些习惯了"应试教育"的读者要刨根问底地对本文的"中心思想"和"操作步骤"做一个简要的概括。

未免平添许多的劳神费力，我索性便在此处把"中心主旨"贴在下方以供参考，那便是我在本书伊始写下的两句话。

"如果你投身手游行业仅仅是为了赚第一桶金，那么做游戏就是做产品；如果你投身手游行业有相当一部分原因是为了所谓的'实现人生价值'，那么做游戏就是做自己的上帝。"

也许有人会问："这两句话有什么特别之处？"

我想说的是：曾沥尽心血寻找的答案，往往都不寄托于外物之上，真谛从来没有逃出过我们的手心。

因此，知道为什么，比知道怎么做更重要。

3．我为什么写这本书

2015年的时候，我花时间整理了一下这些年来的作品，大多都是些业余时间完成的中短篇小说，其中夹杂着一本不薄不厚的行业心得，看上去颇有些格格不入。

小说写得多了，若是再开始写些什么"实际"的东西，难免会笼罩着一些夸张的戏剧色彩。因而在我每每执笔打算撰写一些手游评论或者创业心得的时候，我都"提心吊胆"，生怕自己犯下一些"不接地气""纸上谈兵"的错误。

时间久了，愈发觉得实则写作无关体裁，脚踏实地总是对的。继而意识到，我的那些过分的担心也大多不是由于小说写得太多引发，而是因了所谓"创业"、所谓"成功"、所谓的"游戏体验"和所谓的"研发心得"本身就像是玄学，一落在笔头上，很容易陷入华而不实的俗套。

因为这个世界上压根就没有"成功学专业"，没有"创业学专业"，甚至也没有"手游开发学专业"，当然便更不可能有"手游创业成功学专业"。作为一个从小就一心幻想着成年后便投身于游戏行业的"游戏迷"，我在读大学的时候也不过是选择了一个和游戏的开发制作相当贴近的专业：软件工程。

事实上，我在撰写本书的时候是痛苦的，一方面，我唯恐自己对手游行业某些现象的理解有失偏颇，会对开发者和创业者产生误导，故而"劳碌"于搜集和分析案例；另一方面，写此书的时候，恰逢我在读费孝通先生的《乡土中国》，其观点的鲜明独特、理论的严谨不苟让我自惭形秽。

毫无疑问，和"社会学"比起来，"手游创业学"（我们假定有这样一门学科）的确是浮躁的；可作为作者，尽己所能把这门"浮躁的学科"脚踏实地、原原本本地呈献给读者，这是我们存在的意义。

唐一辰

目录
Contents

前言：一个创业者的"家长里短" / 1
序章：站在时代的风口浪尖 / 1
一、最美好的时代，最糟糕的时代 / 1
二、非生即死的"危言耸听" / 4

第一章　打响生存之战 / 1
一、做游戏是做什么 / 2
　　1. 做游戏不是搞技术 / 2
　　2. 做游戏不是搞艺术 / 3
　　3. 做游戏不是搞营销 / 4
　　4. 做游戏不是文学创作 / 5
　　5. 研发产品，实现价值，还是自掘坟墓 / 6
二、什么是手游 / 7
　　1. 局限性：从"移植"和"转型"说起 / 7
　　2. "利用"与"改变" / 11
　　3. 对你的玩家说"hello" / 16

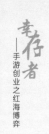

第二章　点子博弈 / 21
一、它们因此而出众 / 22
1. "无限世界"的空间悖论
——《纪念碑谷》（Monument Valley）/ 22
2. "源于生活，高于生活"
——《监狱生活 RPG》（Prison Life RPG）/ 24
3. "不破不立"
——《盲景》（Blinds cape）/ 26
4. "言简意赅"的"美德"
——Agar.io 的风靡世界 / 30
5. 论用户适应性
——美颜相机的"把戏" / 33
6. 取自真情，付诸真情
——《勇敢的心：世界大战》
（Valiant Hearts: The Great War）/ 38

二、"我有一个点子" / 41
1. 为什么我的"点子"不值钱 / 42
2. "点子"和"国情" / 46
3. 如何提高点子的价值 / 53
4. 如何评判你的点子 / 59
三、我想把"点子"变成钱 / 70

第三章　资金博弈 / 72
一、手游圈的两个故事，行业内的一种现状 / 73
1. 手游传销还是流量骗局？
DT1010 手游平台和它的"受害者" / 73
2. 生财"有道"？手游研发商的新"财路" / 75
二、一个重要问题：你需要多少钱 / 77
1. 研发资金评估之一：手游类别 / 78
2. 研发资金评估之二：人员组成 / 89
3. 研发资金评估之三：外包团队 / 90
4. 其他费用 / 93

三、拿什么吸引你，雪中送炭的投资人 / 94

  1. 与投资有关的那些词儿 / 94

  2. 众里寻他千百度 / 96

  3. 投资人和投资点 / 98

  4. "挑团队"还是"看产品" / 100

  5. "优势明显"还是"没有短板" / 104

  6. 投资人，不是投资"神" / 105

四、为什么拒绝你，"济困扶危"的投资人 / 107

  1. "钱投意合"还是"志同道合" / 107

  2. 谁动了我的股权 / 111

五、有一种创业，叫作不融资 / 113

六、花钱守则与省钱准则 / 116

  1. 钱，如何花 / 116

  2. 钱，如何省 / 121

第四章　团队博弈 / 126

一、什么是团队 / 127

二、他们，手游团队的灵魂 / 127

  1. 策划——项目的驱策者，玩法的

    刻画者 / 127

  2. 美术——秀色可餐尽善尽美之道 / 130

  3. 程序——"积土成山，风雨兴焉" / 132

三、他们从哪儿来 / 133

  1. 三段故事，一般窘境 / 134

  2. 招聘守则之一：你的必要投入 / 139

  3. 招聘守则之二：妥协和坚持 / 143

四、团队创造价值 / 149

  1. 与团队配合有关

    ——从春晚走丢的"康康"看手游团队 / 149

  2. 积淀，资本，还是众志成城 / 155

第五章　产品博弈 / 157

一、有关核心产品的探讨：他们想要什么 / 158

　　1. 收集任务和收集欲 / 159

　　2. 装饰任务和装饰欲 / 160

　　3. 消费任务和消费欲望 / 161

　　4. 重复任务和重复性工作 / 161

　　5. 无尽的自由或是被限制的自由 / 163

二、好产品的修炼大法 / 166

　　1. 好产品都是"改"出来的 / 166

　　2. 建立评判标准 / 167

　　3. UI 体验评判标准 / 169

　　4. 游戏设计评判标准 / 173

三、从用户出发 / 175

第六章　营销博弈 / 179

一、关于发行商、渠道商和开发商的
　　"牢骚" / 180

二、"烧钱"和"营销" / 181

　　1. 从四个"匪夷所思"的
　　　营销案例看业内营销现状 / 181

　　2. 两份报价单和一场反思 / 184

三、花小钱，办大事 / 186

　　1. 从产品入手 / 187

　　2. 从市场着手 / 194

尾声 / 197

附录 1　游戏行业术语对照表 / 199

附录 2　手游行业常见机型界面
　　　　尺寸规范 / 203

序章

Introduction

站在时代的风口浪尖

一、最美好的时代，最糟糕的时代

"那是最美好的时代，那是最糟糕的时代；那是个睿智的年月，那是个蒙昧的年月；那是信心百倍的时期，那是疑虑重重的时期；那是阳光普照的季节，那是黑暗笼罩的季节；那是充满希望的春天，那是让人绝望的冬天；我们面前无所不有，我们面前一无所有；我们大家都在直升天堂，我们大家都在直下地狱。"

这是 19 世纪狄更斯在《双城记》的开头写下的文字。

这是 1789 年的法国大革命。

这是今天的手游创业圈。

这是个多么美好的时代:

科技的发展使技术门槛不断降低,我们再不必惭凫企鹤,再不必感怀"壮志难酬"。程序员培训随处可见,用于进行数码绘画的数位板轻松网购隔日便能送货上门;发达的网络可以被用于搜寻各路"身怀绝技"的英雄豪杰。哪管你是久经沙场的业内高手还是半路出家的"初生牛犊",站在游戏之巅翻手为云覆手为雨的梦对每个人来说似乎都不再遥不可及。

在这样的时代背景下,创业无非就是几个人捧着盒饭聚在一起,高谈阔论指点江山;抑或对着电脑噼里啪啦敲击键盘,粗糙的手指上下翻飞;在手游圈,有时候一个程序再配备一个美术几乎就能"主宰世界"。

这是个多么糟糕的时代:

手游的红海中数以百万计的"掠食者"们每天都在为了生存权利而浴血奋战,他们中有行业大佬、有人气团队、有业界新星,大制作们雄踞着手游市场的半壁江山,我们踩着钢丝艰难前行,在一片残酷而开阔、以版本号为全部的计时单位的新世界里寻找出路。在这个世界里,生存还是毁灭?非此即彼。

这是个多么让人信心百倍的时期:

什么《围住神经猫》,什么 *Temple Run*(《神庙逃亡》),什么 *Flappy Bird*,一款一款由小团队研发的小成本游戏产品以令人目不暇接的速度接踵而来,一个接着一个收获了让看客们猝不及防的巨大成功,这些成功无关于政治和背景、无关于资金和潜规则,这是一个公平竞争的时期,在这个时期,手游市场充斥着"屌丝逆袭"和"一夜暴富"的神话传说,这让心怀憧憬的创业者们不能不摩拳擦掌跃跃欲试。

这是个多么让人疑虑重重的时期:

在数以千万计的产品诞生的背后,是看不见的争分夺秒、绞尽脑汁和鲜血淋漓。要投资还是要独立?要商业化还是要风格化?

要紧跟潮流还是创造潮流？无数难以取舍的想法在我们的脑中徘徊往复，市场风云变幻日新月异。一款又一款产品的雏形就这样在疑虑中诞生了，我们满心焦灼地写策划案，满怀期待地制作 demo，急不可耐地参加路演，我们拉投资，建立团队，继续拉投资……我们惶惶不可终日地徘徊在人生的十字路口，左边是老板为我们提供的衣食无忧的生活，右边是因追求梦想而付出的朝不保夕的代价。

事实上，在现如今的手游行业里，情况可能比上文提及的更要残酷一些，因为在手游创业圈，几乎每个人都经历过冬天，却不是每个人都经历过春天；"无所不有"是创业者们建造游戏梦想的勇气，"一无所有"是开发团队"箪瓢屡空"的窘境。

"直升天堂"的，似乎永远都是隔壁公司的某某和以前同事，至于我们自己，似乎从未离开过地狱。

◀ 仅由几台电脑和显示器组成的 TeeeMeow 独立游戏工作室

二、非生即死的"危言耸听"

读到此处，想必已经有些朋友认为我是在危言耸听。都说创业艰苦，可总归还是不相信其已严重到要以"天堂""地狱"做比拟的地步。

事实上，作为一个"当局者"而言，创业过程乃至其最终成败虽不如"鸿毛"一般轻不可闻，却也绝不会似"泰山"一般压得人喘不上气来。

一个非常好的例子便是我的朋友。我的朋友，也是从前的同事。他在离职之后以迅雷之势开了一间公司，不久后便邀我前去小坐，正值三月早春，公司内工作氛围良好，大约二十来个有志之士谈笑风生，一派生机盎然。聊到兴起，朋友索性给自己放了半天假，找了家小饭馆再续前言，彼时恰逢我在写另一本书，便和他约好书成之前再来拜访一次，了解一下产品进度，再做一次认真的访谈。不料三个月后当我电话相约之时，却得到一个不幸的消息，他自嘲地告诉我："我们公司现在只剩我一个人了。"

诚然，他的语气依旧平淡且透着些玩世不恭，似乎团队解散也并非是什么不得了的大事，不过就是吃吃喝喝干干活，小打小闹地做了那么一场"春秋大梦"，而失败则在这些看似不经意的日子里埋下了种子，譬如温水煮青蛙。

然而作为朋友的我们清楚，这看似无足轻重的背后，是他卖掉的婚房、为招贤纳士付出的心血和时间、为寻找投资付出的多地奔波和低声下气、两次几欲成功的融资、多番心灰意冷的失望而归、游戏产品研发上的一波三折、一箩筐因资金不足而不得已接下的外包、已破灭的巨大理想与憧憬，还有那个已如烟远逝的"阵容豪华"的实力团队。

无论导致失败的原因是什么，较之当初那个踌躇满志的创业梦，又有谁能不承认，如今这个空荡荡的办公场地不是他这个创

业者的"地狱"呢?

在北京,有无数这样的手游创业团队曾诞生于"伟大",湮灭于"无形"。非生即死是这个行业的创业规则,而对大多数创业者而言,他们所背负的,可能还远不止一间公司的存亡那么"轻描淡写"。

在国内,很多地方还不能完全摆脱传统社会的"差序格局",有了亲朋好友的"旁敲侧击",有了七姑八姨的"苦口婆心",在"创业"二字面前,仿佛人类的一系列正常的生活规律和生理本能都变成了障碍:

是男是女?

是老是少?

是否买房购车?

是否谈婚论嫁?

是否结婚生子?

是否身强体壮?

……

在这一瞬间它们都成为横亘在你面前的拦路虎,打不过,也绕不开。

迷信"他信力"的人不得不寄希望于一系列网络流行的性格测试,具备"自信力"的人也不得不冲破重重阻力才能踏上征程。

在传统行业亦如是,更不要提听上去不切实际的手游行业了。正是由于高昂的"失败成本",**手游红海中每天都在进行的一场场关乎生死的博弈变得更加惊心动魄,没有人能立于不败之地,可博弈有术,作为创业者,机会,同样无处不在。**

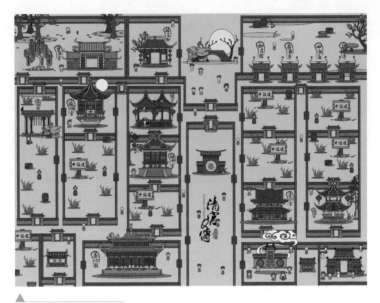

▲
休闲手游《清宫Q传》

第一章

打响生存之战

　　谈到"生存"二字，难免会让人想起《哈姆雷特》里有关于"生存还是毁灭"的经典桥段。而在手游行业里，这绝对不是一个"值得考虑的问题"，因为我们"求生"的决心坚定得不容置疑，可凡事一旦谈及"生死"二字，就必须将之当作一场破釜沉舟的持久战役慎重对待。

一、做游戏是做什么

> *"风险越大收益越高。"*

在成功学泛滥的时代,这句话几乎成了一些人心中的格言谚语。而手游行业偏巧不巧地符合了这句"格言谚语"所创造的假设。

做了几年独立游戏人之后,开始陆陆续续有人问我:"我也想改行做游戏?我该怎么做?"

这些朋友不外乎几大类:程序员、美术从业者或者美术爱好者、小说写手或青年作家、学生或游戏爱好者。

事实上,以上群体如果从事手游创业也确有其优势所在,可每每遇到这类问题我总是不知该如何作答,如若不是出身于游戏行业,那么想知道如何踏上正轨,就必先明白一个问题:做游戏是做什么?

1. 做游戏不是搞技术

技术之"精"在于"深"。为了提升技术,我们可以尽情沉迷于设计模式和优化系统性能,专注于熟悉更多代码和更多业务,我们往深处"钻",向深处"索",从那"深不可测"的最深处终有所得。

在技术的世界里,"HelloWorld"就是"HelloWorld":

它是计算机屏幕上输出的一句问候;

是编译器"一切妥当"的反馈;

是开发环境和运行环境的良性响应。

游戏之"精"在于"博"。为了完善游戏,我们不得不在大千世界中寻寻觅觅，试图从音乐、美术和文学的领域里探得一丝端倪，我们向广处"看"，从广处"求"，天马行空，无拘无束。

在游戏的世界里，"HelloWorld"是一块敲门砖：

它是文人眼中的"落霞与孤鹜齐飞"；

是艺术家眼中的"蒙娜丽莎"；

是音乐家眼中的"如歌的行板"。

故而电子游戏也被称作第九艺术。

2．做游戏不是搞艺术

有幸参加过一次著名 CG 艺术家黄光剑的见面会，席间有一游戏美术行业的朋友提问："如果有一天游戏行业没落了，那么我们这些游戏原画师该何去何从呢？"

黄光剑答："这要先搞清楚一个问题，你热爱的究竟是**游戏**还是**美术**？"

那位朋友一时哑然。诚然，游戏和美术终归是不一样的。而这个回答，想必也能引发一些以游戏美术行业为起点，打算致力于手游创业的朋友们的深思。

我想绝大多数选择了手游创业的美术人都或多或少曾思索过一个问题：

> 该执着于画面的完美还是牺牲"近在咫尺"的完美，最大限度保全一款游戏产品的游戏性和整体性？

从声光色文字结合的角度来看，游戏更类似电影，我们很难保证它在任何一个角度、任何一个时刻、任何一种操作下都是完

美无瑕的艺术品，与这种视觉上的艺术性相较，我们更需要着重强调一款游戏产品的**工程性**。

工程，意味着要生产或开发比单一产品更大更繁复的产品，它便绝不再仅仅是"三庭五眼"和"黄金分割"，也绝不再仅仅是冷暖色调的搭配和变幻莫测的光影，而成了**基于代码结构和硬件设施之上的可互动的美学体验。**

3．做游戏不是搞营销

也许有人觉得奇怪，怎么会有人把做游戏和营销挂了钩？

实则若是在国内的手游圈"摸爬滚打"几个月，恐怕不少人都会有一个不约而同的认知：手游，拼的就是营销。

那么营销拼的是什么？大江南北大大小小数以万计的渠道商和发行商会以其实际行动简明扼要地告诉你：拼**钱**和"**下限**"。

例如游戏营销拜金主义的掌门人史玉柱，其网游宣传之手笔简直大到令人咋舌，无论是投放广告还是邀请记者每每只盯准了传播效力最强、名气最大、面向大众的知名平台，诸如人民日报、天涯社区甚至央视。

再如蓝港在线为其旗下手游产品《王者之剑》举办的耗资千万的"换机活动"使其备受关注。

又如游族网络为其手游《女神联盟》代言人林志玲征婚的巨幅海报赚足了眼球和噱头。

若是论游戏研发心得，从大处总结，翻来覆去仔细考虑能写个百八十条已属不易，若是专门拣出各个大小手游的营销案例来，三天三夜也未必说得尽，哪管是经验丰富的作家还是初出茅庐的写手，想必都能洋洋洒洒写本书出来。

不少团队不懂得"**锦上添花**"的真谛在于"**织锦**"而非"**添花**"，

这也怨不得近两年常常会有玩家抱怨："原来钱都用在营销上了，难怪游戏体验惨不忍睹。"

4．做游戏不是文学创作

一些人的游戏梦诞生于时下流行的各类"网络小说"和所谓的"游戏文学"，他们普遍年轻、极富朝气、极具幻想力并且充满热情。

文学创作，特别是网络文学的创作，因其天马行空和过于光怪陆离往往不能被传统文学领域接纳，可这些在传统文学领域中不被看好的特性恰好成了孕育游戏产品的温床。2014 年，知名网络小说《星辰变》被改编为手游，而在 2015 年，我们则见证了热门网络小说《花千骨》的手游蜕变历程。**从 2014 年起，中国手游已经进入了 IP（Intellectual Property 知识产权）年**，在影视综艺、国产动漫 IP 被瓜分殆尽，国外动漫 IP 难以轻易取得的情况下，网络小说成为各大厂商 IP 争夺战的新战场。

当然，对于浩如星海的网络文学作品而言，能被游戏厂商看中的有如凤毛麟角，因而随着游戏开发的门槛降低，一大批原本从事网络文学创作的作者们面对日渐兴盛的手游行业正跃跃欲试，而诸多游戏公司将"写过小说"或"写过剧本"作为游戏策划的应聘标准之一的举动，无疑极大增强了作者们的自信心。

可遗憾的是，对于市面上大多数手游来讲，一个复杂的、在文学创作的初衷下诞生的剧本，想必是会被"大材小用"了。

我们渴望把庞大的世界观和丰满的人物性格尽数展现给玩家，我们的"敬业精神"驱使自己把文学作品中的那些壮丽山河、奇花异草一丝不苟地尽数还原。在文学创作的世界里，我们的关键词是**遣词造句、段落铺设、故事节奏、角色表现**。

而在游戏开发的世界里，我们的关键词总是**系统、架构、设定、**

功能。

我们早已习惯徜徉于自成一派的"码字软件"中，随性而潇洒地在文学的天地里肆意妄为，我们强调个性、特点、笔法。可在游戏研发的过程中，我们更强调的是**文档、需求、维护、名词表或者资源表。**

故而转行需谨慎，从文学创作到游戏研发，还有很长的路要走。

5．研发产品，实现价值，还是自掘坟墓

在我们排除了以上诸多游戏的组成部分之后，我们只能笼统地得出答案：**做游戏做的是技术、艺术、美术和营销等内容有机结合的一件综合产品，而不单单是其中任何一者。**

这未免太模糊太概念化了，实则换个角度，它可以被更简单地定位。

如果你投身手游行业仅仅是为了赚第一桶金，那么我会告诉你：

做游戏就是做产品。

一个通俗易懂又广为人知的说法是："好的产品会拥有好的市场，好的市场带来大量用户，用户就是金钱。"至于如何研发出好的产品，自古以来都众说纷纭，然而奇虎360创始人兼CEO周鸿祎概括得简练贴切，无非六字法则：**刚需、痛点、高频。**至于放在手游领域如何甄别和应用，在后文会慢慢道来。

如果你投身手游行业有相当一部分原因是为了所谓的"实现人生价值"，那么我会告诉你：

做游戏就是做自己的上帝。

在游戏行业，取悦自己和取悦用户一样能获得成功，若非要总结出什么法则，恐怕只有"问心无愧，不忘初衷"八字可以概括了吧。

如果你投身手游行业是因为看到前 N 个人都因做手游发了财，所以你也一定要做一款手机游戏，那么做游戏无异于：

自掘坟墓。

二、什么是手游

在绝大多数时候，我很少强调"手游"和"游戏"的不同之处，更不愿因此而陷入一场"白马非马"的辩论。

因为游戏的本质是一样的，"手游"只是"游戏"因**载体的特殊**且**用户量庞大**而被冠以的"特殊名号"。可又正因如此，我们便更加无法忽视手机这个载体的特殊性。

1. 局限性：从"移植"和"转型"说起

事实上，了解手游，我们可以以最为传统的 PC 游戏作为参照物，以此探究手游的特性，在这里，我们不妨先问自己这样一个问题：

什么样的 PC 游戏适合移植到移动平台？

大概略加思索，很多人能得出如下答案：

其一，玩家单次游戏时间小于 10 分钟，却不会影响其原本的游戏体验。

其二，玩家可以随时暂停或开始游戏。

其三，游戏在小屏幕上依然视觉效果出众。

其四，游戏在小屏幕上依然操控流畅，不为手机设备的硬件

条件所限。

其五，游戏没有过于繁复和精细的操作。

其六，游戏（如果联网）以能适应国内的 2G 网络为底线。

通过以上六条，我们最容易得出的结论是手机平台具有远超于 PC 平台的**局限性**。这种"局限性"究竟有多么难以逾越？"局限性"背后还潜藏着哪些问题？事实上，这些局限性所引发的问题早在 2013 年便已初现端倪。

2013 年是国内手游圈的崛起时代，彼时徘徊在手游圈的创业者们还没有来得及见证页游的逐渐没落，他们眼前的红海，也没有如今这般的"血雨腥风""凶险万分"。这是国内大型网游公司的转型年，手游圈内被讨论最多的也理所当然是大型网游公司的"转型问题"，然而直面"转型"，**手游平台和产品本身的"局限性"，带来了研发过程和思维模式的"局限性"**。

非常好的一个例子是，一次在某大型端游公司的内部产品讨论会上，就手游产品的设计问题，端游团队和手游团队产生了巨大的分歧，端游团队认为游戏的设计不利于引导玩家付费并且缺乏吸引玩家长期游戏的机制，而手游团队基于前文所提及的手游的"局限性"，认为手游不能按照端游的理念进行设计研发。这场讨论的结果是：两种不同的研发理念产生冲突后，由于 CEO 更了解端游，能与端游团队的意见产生共鸣，所以最终端游团队的意见被予以采纳。

而另一个例子是，盛大游戏副总裁刘红鹰曾经透露，盛大游戏早在 2010 年就开始对手游市场进行探索，巅峰时期盛大内部立项了十多个手游项目，然而由于手游与传统端游的千差万别，这些项目最终都无法逃脱无疾而终的命运。

当然，这种思维模式和研发过程的局限性所导致的最直接后果就是：收入的"局限性"。

我在这里提到的收入的"局限性"，实则并不是说 PC 端游戏多么吸金，更不是说做手游就注定做不了"盆满钵盈""日进斗金"的美梦。我要说的是，从 PC 端游戏研发中长期积累的对于游戏产品的"**模式化思维**"和"**套路化开发流程**"常常会使得一个手游团队"入不敷出"。

早有业内人士做过这样一个比较：

一款以《征途2》为代表的知名端游的ARPU(ARPU-Average Revenue Per User，每用户平均收入) 在 230 元以上，而一款在手游界几乎同样火爆的手游，如**《我叫 MT online》**，ARPU不足 2 元，于是很多人认为这组悬殊的数字映衬了：

端游的"*暴利*"和*手游*的"*薄利*"。

而发布了《我叫 MT online》的乐动卓越的创始人邢山虎也曾表达了自己的看法：端游公司是自己研发兼自己发行，可称为良性发展，而手游产业链则涉及渠道分成，加之 ARPU 普遍偏低，毛利要低于端游。

▲
知名端游《征途 2 》

知名手游《我叫 MT online》

　　事实上，单单听取诸如此类的"前车之鉴"或业界前辈们的"一词半句"就妄下定论未免太过断章取义。而如上的种种计算方式，对手游来说也未免会有失公平：

　　首先，手机的用户数量远超于电脑的用户；

　　其次，端游界中以重型网络游戏为主旋律的现状有别于手游界内游戏种类的"百家争鸣"；

　　最后，同样有业内人士粗略地算过这样一笔账，同样是"游戏大作"，手游大作的开发成本差不多只有端游的十分之一，这恰恰是由于手机平台的"局限性"而带来的"**低成本**"

"短周期""小团队""快节奏"的开发模式使然。

举一个极端的例子，由韩国开发者开发、金东魁独立研发的动作类手游《亡灵杀手：夏侯惇》（*Undead Slayer*），其开发成本只有 1 万元，而在手游产品上市后，为他带来了超过 500 万元的销售额。

《亡灵杀手：夏侯惇》（*Undead Slayer*）

> 在这样的前提下，如若依旧不能摆脱传统的 PC 游戏的研发套路和思维模式，则将会被自己推入死局。

2．"利用"与"改变"

贾岛的《剑客》中"十年磨一剑"一句，自古以来，要么成为饱受赞誉的"神话"，要么成为哗众取宠的"噱头"。它出现在影视界，出现在文学界，甚至出现在 PC 端游戏界，可它唯独不会出现在手游界。

如果你读完了前文，应该会明白个中缘由，手游行业潜在的要求如此，手机的更新换代远快于个人电脑，技术的更替也日新月异。在手游行业，若是真将一把剑打磨上十年之久，恐怕我们举剑出山之日便会被琳琅满目的热兵器逼迫得无立足之地。

当然，上面只是一个未必恰当的例子，我的意思是：

> **面对蒸蒸日上的手游行业，若想在其间拥有一席之地，就不得不适应它的行业规则和发展规律。**

正所谓"万事有道，得道则通，通则顺，顺则成"。然而对于开发者而言，在"顺"之外，我们还能做更多的事情。

其一，"利用"。

在前文里，我们花了太多时间去讨论手游的"局限性"，实则如果运用得当，这种"局限性"却恰恰能成为我们手中的利器，使得手机游戏在某些方面令传统 PC 端游戏难以企及。

众所周知，传统 PC 端的输入设备有键盘、鼠标、手柄等，对多设备输入的支持导致**大批 PC 端游戏的按键众多**，间接鼓励了**复杂的操控**；然而对于有些操控设定简单清晰的游戏来说，这些繁多的输入设备有可能会带来困扰，而手机端整洁简练的输入方式反而能与它们相得益彰。

一个例子便是由 PopCap Games 开发的广为人知的益智策略类单机游戏《植物大战僵尸》（*Plants vs. Zombies*）。由于其简便的操作方式，在其移植到 iOS 平台之后便迅速取得巨大的成功，甚至超过了其原生平台 PC 端。

▲ 移动平台版《植物大战僵尸》（*Plants vs. Zombies*）

▲ 移动平台版《植物大战僵尸》（*Plants vs. Zombies*）

PC 端知名游戏《植物大战僵尸》（Plants vs.Zombies）

另一组更加绝妙的例子是，借助手机硬件技术以一些 PC 端无法实现的独特操作使原本颇具"局限性"的手游取代 PC 端游戏看似"无可取代"的地位。这类操作诸如：**手势操作、多点触控**以及**重力感应**。实际案例则有以手势操作为主要玩法的《水果忍者》（Fruit Ninja），还有以扔手机作为主要操作的猎奇运动游戏《送我上西天》（Send Me To Heaven）。

明，备注：该款游戏已被苹果公司封杀《送我上西天》（Send Me To Heaven）游戏说

14

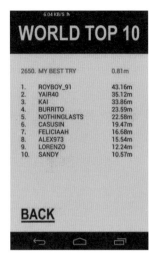

《送我上西天》(*Send Me To Heaven*)世界排行榜

其二，"改变"。

手游是矛盾的，手游市场的要求也是矛盾的。

作为一个开发者，我们追求高效快捷紧跟时代；却不能不考虑玩家对于游戏品质的期待。我们时刻提醒自己不要闭门造车，更要避免重复造轮子；可我们也被要求着产品的**独创性和风格化**。我们为所谓的规则所限，为市场需求所累，我们的内心矛盾重重。

然而改变世界需要能力，改变规则需要勇气。在手游行业同样如是，在绝大多数时候，我们恐怕都做不了"伟大的救世主"或"**规则的改变者**"，在这种时候，改变自己未必不是个"曲线救国"的策略。

例如，广为人知的"手游生命周期诅咒"：

按照手游圈内一般的认知，通常一款手机游戏在发布几个月后就会出现疲倦期。

事实上，也有相当一部分类似《我的世界》(*Minecraft*)、

《瘟疫公司》（*Plague Inc.*）凭借其**出色的可玩性**和开发者**严谨的开发态度**在手游圈数年经久不衰。顽石科技 CEO 吴刚总结得贴切到位：

"生命周期不取决于是手机游戏还是 PC 端游戏，它取决于**你对于这个产品本身是一种什么样的态度**。其实跟人一样，你能活多久还是取决于你自己。"

再如，手游圈广为流传的一句"**美术决定下载量**"的"老人言"，一款名为《盲景》（*Blinds Cape*）的手机游戏便在没有任何美术支援、整个游戏没有一张画面的情况下凭借其出色的质量从众多游戏产品中脱颖而出。我们后文还会提及这款作品，故在此不再赘述。

事实上，这种通过"改变自己"打破规则的例子在独立游戏人众多的手游行业屡见不鲜。它们的存在为想投身于手游事业且为"规则"所限的创业者们提供了更多的可能性，这也正是我热爱这个行业的原因。

3．对你的玩家说"Hello"

前文曾经写到过，如果你投身手游行业仅仅是为了赚第一桶金，那么做游戏就是做产品；如果你投身手游行业有相当一部分原因是为了"实现人生价值"，那么做游戏就是做自己的上帝。

对前者来说，玩家就是**用户**，**用户决定了产品的成败**；

对于后者而言，玩家就是**观众**，**观众产生了多少共鸣决定了价值的体现**。

因此，我们无论出于何种目的走上手游的研发之路，**玩家**对我们、对我们的手游产品都**至关重要**。

无论是国内手游市场的山寨横行效仿成风，还是越来越多的独立游戏人走上风格化研发的道路，促使这些现象产生的原因归结起来，是大同小异，总是离不开开发者对于手游玩家追求的探究——

▎是什么促使他们下载和体验游戏？

认识你的玩家，对如何设计、研发一款游戏来说，是至关重要的一步。

我们可以用推理法简单分析出手游玩家的思维方式。

例如，我们在前文中也曾提及关于手游的思考不该继承传统 PC 游戏的思维模式。而手机平台的局限性也基本隔绝了一个休闲的手游玩家在一款手游产品中成为"职业玩家"的幻梦。由于智能手机的用户众多，他们中的绝大多数都属于**休闲玩家**而非游戏老手。这就要求游戏玩法要**简单易学**，游戏背景要**通俗易懂**。

反映到具体的游戏设计上，一个常见的处理方法就是：减少我们的手游作品中包含的差异化机制，让玩家通过重复性的操作获得一个"合理"的结果，以此来推进游戏。这种学习过程便能轻而易举与现实世界的常识相呼应。借此，玩家往往能够迅速把握游戏的核心机制。

不论是由 Rovio 公司发行的益智游戏《愤怒的小鸟》（*Angry Birds*）的"弹弓逻辑"，还是由 Zeptolab 开发的益智游戏《割绳子》（*Cut the Rope*）的"断绳原理"，操作和结果通常能凭直觉感知。

《愤怒的小鸟》（*Angry Birds*）

《割绳子》（*Cut the Rope*）

再如，通过"游戏"这个"基类"的一般特性，我们不难摸出玩家渴望**"小投入、大收获"**的体验心理。这种心理放在要求操作简化的手机游戏的设计研发领域，可以直接处理为：

> 让玩家通过重复性操作获得大量且丰富的反馈信息。

　　前文曾提及的经典手游《水果忍者》（*Fruit Ninja*）是个绝佳的例子，简单的扫射就会促使大量五彩缤纷的水果爆炸，视觉刺激极佳。

▲ 由澳大利亚公司 Halfbrick Studios 开发的休闲益智类游戏《水果忍者》

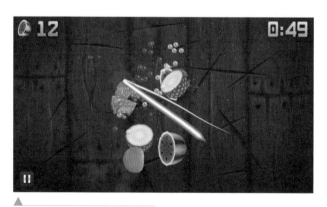

▲ 《水果忍者》中的水果"爆炸"效果

　　当然，在"如何了解我们的玩家"这个问题上，更好的做法是，用联想法了解他们。这个战略的学名叫作**精准目标用户群**。

例如，我们可以填写这样一段文字来描绘目标玩家的样子：

他／她是一名 ＿＿＿＿ 岁的 ＿＿＿＿（男性／女性／……），他／她是一个 ＿＿＿＿（学生／白领／……），他／她还是一名 ＿＿＿＿＿（军事狂热分子／文艺青年／音乐爱好者／解谜爱好者／……），他／她经常在 ＿＿＿＿＿＿（乘坐地铁或公交车／上课／上班／节假日／……）时玩手机游戏，他／她经常通过 ＿＿＿＿＿＿（浏览排行榜／浏览手游推介网站／口口相传／……）的方式了解新的手机游戏，他／她的收入是 ＿＿＿＿＿，据此推测他／她的购买力大约是 ＿＿＿＿＿＿……

较之前一种方式，这样的一份"填空题"试卷可以给我们提供更准确的答案，而这份答案往往能极大程度地决定我们手游产品的样子：

年龄和**性别**引导了手游产品的**风格定位**和**核心玩法设计**；

职业暗示了**购买力**和**使用时长**；

爱好指向**题材偏好**；

何时游戏量化了**碎片时间**；

……

这种别名为**"选择与集中"**的战略方案从 2014 年起大量在韩国手游市场粉墨登场，开发商们针对特定用户层推出游戏，争夺目标玩家。

比较好的一个例子是 Wemade 娱乐推出的手游《战争时代》，这是一款专为军事爱好者设计研发的典型的军事题材手游，游戏中网罗了从 20 世纪初到近代的海陆空三军的多样化战争内容。而在该游戏问世后，也如愿以偿得到了目标群体的广泛关注。

第二章

点子博弈

　　常听人说游戏是创意行业，但创意之所以成为创意，必是千百个"灵光一现"搏杀之后脱颖而出的结果。

　　创意在成为创意之前，我们更愿意将之称为"点子"。

　　在创业之初，我们通常急功近利地想抓住从脑中一闪而逝的每一个点子，而面对这一箩筐的点子，如何在它们中精中选优，如何将它们排出个"先来后到"，成了创业者们司空见惯的烦恼。

　　想知道如何选择点子，就必先知道，什么样的点子是好点子。

一、它们因此而出众

1. "无限世界"的空间悖论——《纪念碑谷》（*Monument Valley*）

无论你是热衷手游的"手游粉"，还是密切关注着手游行业的制作人，一定早已对《纪念碑谷》（*Monument Valley*）耳熟能详，说起其开发团队和设计方案滔滔不绝。

事实上，我自己在前不久也曾写过一篇文章描绘这款手游所展现的"孤独美丽的幻境"以及"神秘莫测的旅途"。

我也曾就它在视觉和玩法上的创意发表过长篇大论，而这款在手游行业中里程碑式的游戏产品给我们的启迪，远不止"视觉绚丽"或"玩法新颖"那么简单。

未免有的读者还不了解这款游戏，我们需要简要概括这款游戏的核心玩法。

有别于传统意义上闯关游戏，在**《纪念碑谷》中**，玩家不需要收集金币和星星，不需要一路战斗奋勇杀敌，而需要**利用空间错觉使前路畅通无阻**，其所表达的核心概念是：

《纪念碑谷》（*Monument Valley*）

| 换一个角度，你会看到另外一个世界。

实则这样一个创意十足又磅礴大气的点子诞生于"**不可能图形**"概念，不可能图形（Impossible Figure）是在现实世界中不可能客观存在的事物的图形。**它是由人类的视觉系统瞬间下意识地对一个二维图形的三维投射而形成的光学错觉。**

▲ M.C. 埃舍尔（M. C. Escher）作品
《观景楼》（Belvedere）

▲ M.C. 埃舍尔（M. C. Escher）作品
《瀑布》（BWaterfall）

我们很难想象到这种以"**不可能图形**"为蓝本的"**立体空间艺术**"运用到手机游戏中能给玩家带来多大的"可能性"。但毫无疑问的是：

自古以来人们在现实世界中对"不可能"世界的幻想和探索在这款游戏里一一实现。

有人曾把"逃避现实"作为抨击沉迷游戏者的论点，对于作

为第九艺术的电子游戏来说，**"有别于现实"**却是它成为人们生活的一部分的主要原因。

《纪念碑谷》逻辑上相互矛盾的空间，不仅给人以视觉上的冲击，它所营造的反常景象，也消弭了**现实**与**梦境**、**理性**与**疯狂**、**客观**与**主观**的界限，让玩家可以暂时脱离现实，不受理性控制，在直觉的引导中，获得心灵的共鸣。

突破有限的现实空间，满足玩家的想象力。

这就是《纪念碑谷》之"不可能图形"点子收获成功的关键。

2．"源于生活，高于生活"——《监狱生活 RPG》（*Prison Life RPG*）

有一种说法是：

好的游戏能充实我们的人生体验。

比较片面且浅显地举例，1995 年首发的著名 PC 端游戏《仙剑奇侠传》可能是一批"80 后"或"90 后"玩家对侠客情缘的"初体验"；而 2014 年由故宫博物院推出的儿童早教游戏《皇帝的一天》恐怕也会满足一批"00 后"用户对于"皇帝体验"的好奇心和求知欲。

《皇帝的一天》

　　从这个角度来看，我们在追求游戏画面真实细腻、游戏剧本真情实感的同时，还要求游戏给我们带来现实中无法满足的体验，若是插句题外话，恐怕我要说：人们对游戏最极致的追求，就是"**虚拟现实**"。

　　提到这，我不得不提及名为《监狱生活RPG》的手游作品。抛开其游戏风格、操作流程、抽象事物物品化等的诸多可圈可点之处，其点子的另一大成功之处，在于选材，"监狱生活"和"越狱"的题材使这款手游先声夺人。

《监狱生活RPG》（*Prison Life RPG*）

　　一款游戏的"说服力"和一部文学作品的"说服力"同样重要，而这种说服力的体现，往往在于"真实"。例如，开篇便讲述巫婆和幽灵的故事，只能称之为童话，可若是做了大量铺垫，交代了前因后果，让其生存环境尽可能贴近现实，那便成就了《哈利·波特》。

　　在**《监狱生活RPG》**里，我们可以次第扮演100多位形象、背景、技能、属性、刑期及亲属关系截然不同的犯人。我们可以

第一次"亲身"了解存在于现实生活却始终蒙着一层神秘面纱的"残酷的"监狱生活，并为了生存和千奇百怪的目标而努力。至于离开监狱的方法也合理且充满戏剧色彩：**自杀**、**病死**、**他杀**、**处刑**、**假释**、**越狱**、**刑满释放**等。

事实上，许多同样选材趋近于**"虚拟"**与**"现实"**完美结合的游戏从题材上就足以吸引玩家，如曾红极一时的灭世和末世题材，不能不说它和"监狱"这样的选题多少有些异曲同工之妙。

无论是充满了猎奇心理的玩家还是 RPG 的忠实粉丝，对这样的设定总是缺乏抵抗力，毕竟我们谁都不希望真的去监狱里体验一把"人生"，毕竟对于大多数人而言，监狱生活究竟如何，除了借助电子游戏虚拟体验一把之外，恐怕无从得知了。

3. **"不破不立"**——《盲景》（*Blinds cape*）

如果没有记错，我在开篇曾把**游戏作品**与**影视作品**相比较，其理由是：**它们都是声光色与剧本的结合。**

所谓声，就是游戏音乐，光和色就是画面，剧本即故事构架，当然，除此以外在玩家看不到的地方，还有系统、框架、数值、程序。

如若让游戏开发者们进行一场排序，非要把以上内容一字排开分个孰轻孰重，不知有多少人有胆量大笔一挥，率先便把游戏画面划入黑名单。

然而从 2013 年到 2015 年，有这样一款没有画面的手机游戏就以其独特的存在方式打破了手游生命周期之痛，至今活跃在许多用户的"游戏清单"里。

它的名字叫《盲景》（*Blinds cape*）。遵循与现实世界常识相呼应的理论，《盲景》的玩法简单且符合逻辑，它给了"没有画面"一个无懈可击的解释——玩家在这款游戏中的角色是一个盲人。

▲
《盲景》（*Blinds cape*）

在游戏中，玩家需要通过左右声道的声音变换来判断情况，利用触摸和直觉来解决谜题不断靠近真相。

它彻底摆脱了游戏为美术场景所限的命运，甚至打破了手游平台屏幕尺寸的局限性。即使整个游戏都是一块黑屏，但仍能从声音中引发人们的无限联想：这个世界是怎么样的，主角为什么会在这里⋯⋯

我们在《盲景》大获成功后依照惯例一般地去探讨其成果原因的时候，总是免不了听到两种声音，其一是："这点子棒极了，是谁想出来的？"其二是："噱头大过玩法。"

诚然，我们不得不说这个"棒极了"的点子确有投机取巧之嫌，毕竟诸如《纪念碑谷》《神庙逃亡》，抑或 Big Fish 旗下一系列

画工精美的解密游戏在画面和体验上"实打实"地付出了更多心血和资金，**《盲景》——一个直到通关也看不见一幅画面的轻度手游**却能在无数业内权威的评测中与它们相提并论，这如何不授人话柄、落人口舌。

▲
一般意义上的解密游戏：以 Big Fish 旗下《觉醒》为例

可若是换个角度来看，创意的一种解释，即为**打破常规，破旧立新**。若以手游为例，试问又有哪一款游戏能如《盲景》这般的"打破常规"呢？即便是优秀如《纪念碑谷》一般的作品尚能找得出创新点相似的《无限回廊》（*EchoChrome*）和 *Fez* 作为比较（在《纪念碑谷》的结尾，作者也留下了对 *Fez* 的致敬之辞），在《盲景》问世之时，却当得上是手游行业的"前无古人"了，也难怪会引发如此大的反响。

▲
《无限回廊》（*EchoChrome*）场景一

▲
《无限回廊》（*EchoChrome*）场景二

▲
Fez

因为这一点，即便抛开《盲景》为玩家所创造的宝贵想象空间，即便《盲景》玩法上的欠缺还使它看上去带着些"有声小说"的影子，但也足以被手游圈的历史铭记。

▌ *做人之所未做，想人之所未想。*

这几乎是对一个"点子"的最高评价了。

4．"言简意赅"的"美德"——*Agar.io* 的风靡世界

▲
Agar.io

看到上图的圆圈，你想到了什么？这是 2013 年风靡全球的消除游戏 **Dots**？这是美术课上被老师用以讲述画面疏密结构变化的图例？这是某款应用的抽象设计？

很遗憾，以上答案都不对。

这款形似 *Dots* 名为 **Agar.io** 的手机游戏于 2015 年 7 月 8 日上架 AppStore 和 GooglePlay，并以风驰电掣般的速度走红全球，仅 3 日就拿下了欧美 10 个国家下载排行第一的位置。甚至一度成为 42 个国家下载量最大的应用。

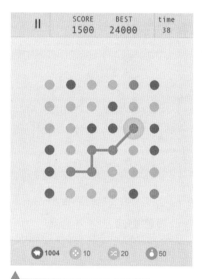

▲
红极一时的极简主义手游 *Dots*

Agar.io 究竟是一款怎样的游戏？

乍看之下，该游戏被制作得略显简陋：工业设计风的网格背景和五颜六色的正圆形图案构成了这款游戏 90% 以上的视觉效果，"粗糙"和"极简"的评价用在它身上皆不觉违和。然而令人难以想象的是：

这是一款带有实时语音系统的多人在线"角色扮演"手机网游。

而相比起我们在寻常网游中司空见惯了的注册登录系统，*Agar.io* 的处理方式"简单粗暴"，打开它，不必注册，只需填个 ID 就能开始游戏，而游戏玩法的学习过程，耗时也不会超过 5 秒钟。

在游戏中，玩家扮演一块圆形"琼胶"状物体（我们姑且称它为"琼胶"），它的"使命"就是吞噬掉周边比自己面积更小的"琼胶"，并且通过收集场景中色彩丰富的小点来扩充自己的体型，直到你的面积足够大，那么你的昵称就可以出现在界面右上方的排行榜上。

如果一定要找一款类似的游戏来比拟，我们也可以简单地将它理解为实时对战版的《大鱼吃小鱼》（2011 年由 4399 游戏发行的著名休闲类小游戏）。

就是这么一款原理简单的小游戏，其网页版一样大获全胜，我们甚至可能在同一个网页遭遇全世界数十万的玩家，虽然我们能进行的**操作有限**，可 *Agar.io* 为我们创造了**无限可能**。

事实上，在 *Agar.io* 取得成功后，其开发者，来自巴西的 Matheus Valadares 也饱受赞誉，然而提及让"点子"大获全胜的诀窍的时候，Matheus Valadares 也有些摸不着头脑。也许在他看来 ***Agar.io*** 所做的无非是对无数热门重度网游的**提炼**和**浓缩**。

例如，游戏中实时对抗"互吃"的玩法不过是一款多人在线网游中的实时竞技场，吞噬他人使自己体型变大也无非是变相奖励。

例如，游戏中体型的大小和排行榜的排名几乎是所有网游的关键要素之一，它让人性暴露无遗，在攀比心和虚荣心的驱使下，我们在游戏中无法自拔。这正如同 Matheus Valadares 在接受《好奇心日报》的采访时的所言：

"当你看到一个比你更大的家伙的时候，你会想变得像它那么大。所以你不会停下来，直到将它打败。"

的确，他的点子抓住了一类游戏的精髓。

从这个角度来看：

做游戏正如写文章，长篇累牍总抵不过言简意赅却字字珠玑。

5．论用户适应性——美颜相机的"把戏"

在游戏行业有这样一句老话：

不要低估玩家的适应能力。

若是一定要找个例子来解释这句"泛泛之言"，恐怕很难找得妥帖，但如果我们愿意以玩家的角度回望一下自己的"游戏之路"，说不定能对此有一个更清晰的认知。

以最为常见的"三消类"游戏为例，也许你玩过的三消游戏是靠点击三个相同物体中的任意一个进行消除；也许你玩过的三消游戏是用手指将三个相同物体连成一线进行消除；也许你玩过的三消游戏唯一可进行的操作就是交换两个相邻物体……

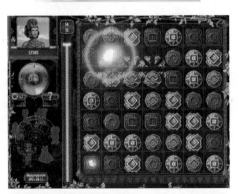

三款看上去截然不同的"三消"类游戏：《三国消》《蒙特祖玛的宝藏》（The Treasures of Montezuma）《糖果粉碎传奇》（Candy Crush Saga）

幸存者
——手游创业之红海博弈

34

如果你是一个休闲游戏迷或是"三消迷"，那么最可能的情况是：

你玩过以上一类"三消"游戏，**并且你从未对以上任何一种操作方式产生不适感**。

事实上，不止三消游戏如此，以我自己为例，如果站在专业的角度来看，我曾经玩过的相当一部分游戏都或多或少有着操控方面的"硬伤"，有的是由于 UI 逻辑嵌套过于复杂，也有的是由于交互设计的失当，甚至还有的是由于游戏开发者迟迟未能修复的 bug。然而作为一个"资深游戏玩家"，我非常没骨气地没有因为这些原因舍弃它们中的任何一款，甚至还玩得津津有味，并在潜移默化中迫使自己接受并适应这些缺陷。

当然，"老话"终究只是"老话"，它不能被当作定理，但它反映了某种值得注意的现象，并从另一个"经验"的角度给了我们一种启迪。

这是不是就意味着，我们在游戏设计和游戏开发的过程中不必追求完善设计上的缺陷，不必追求尽善尽美了呢？

这里有一个虽不属于游戏圈，但是很适合的例子可以帮我们重新审视这个问题。那便是著名的、由美图秀秀团队研发的App：**美颜相机**。

如果你是一位姑娘，如果你有女朋友，那么你可能对这款应用不会陌生，简而言之，这是一款能把手机"变"成自拍神器的App，自带各类滤镜，有智能修片的功能。事实上这类 App 并非只有美颜相机一款，若是从 AppStore 以"**自拍**"和"**美颜**"为关键字，搜索结果足有 1500 多个，然而美颜相机无疑是其中的佼佼者，从 2013 年上线伊始截至 2015 年 10 月 31 日，美颜相机

拥有的用户已超过 3.7 亿，月活跃用户 9000 万，每月产生照片 38.7 亿张。这是个让其余 App 望尘莫及的数据。

▲ 美图秀秀团队研发的 App：《美颜相机》

美颜相机是如何拔得头筹的呢？

我们本章节讨论的是点子，在此我给出的答案，也是点子。

美颜相机的"点子"很简单，除了技术上的精雕细琢之外，制胜法宝总结起来不外乎 4 个字：**镜像翻转**。

我相信很多用户在使用的过程中并未对此深究，实则恰恰是这一点体现了研发团队在产品设计上的"良苦用心"。想理解其苦心，就不得不提及一个不算广为人知的旧发现：**单纯曝光效应**（The Exposure Effect，又称为**多看效应**）。

1968 年，心理学家罗伯特·扎伊翁茨（Robert Zajonc）对这种现象进行了总结描述，即：

> **人们会仅仅因为自己熟悉某个事物而产生好感。**

扎伊翁茨以许多内容作为测试，其中包括图形、面部表情，甚至是无意义的词汇，所有的一切都证明了这一效应。

这个理论在摄影界的应用是：我们每天会在镜子里看到自己的形象，因此也更加喜欢这一形象。而照片上的我们与镜子中的我们由于左右调换，面部对称性会出现轻微的变化，从而使我们总是感觉到并不满意。可美颜相机的一个"镜像翻转"堪称是"扭转乾坤"，它让自拍者从照片中看到了自己从镜子里看到的效果，从而达到了用户的心理预期。

尽管这种设定同样带来了显而易见的问题：用这款 App 拍出的相片可能让使用者外的其他人看着并不那么顺眼（因为对他们而言，单从"翻转"这一点上来看，已经足够使影像不大符合他们眼中的使用者的真实形象），可只要用户喜欢，谁在乎呢？

让产品去适应用户还是让用户去适应产品？

这是一个永恒的问题。

在手游行业，"玩家强大的适应性"也许真的是一批开发者的福音，可看了美颜相机的成功，我们难保不会产生这样一个疑问：在一批期待着玩家去适应游戏的手游产品中，若是有那么一款努力适应着玩家习惯的产品，它是否会和美颜相机一样，得以从红海中脱颖而出呢？

6. 取自真情，付诸真情——《勇敢的心：世界大战》（*Valiant Hearts: The Great War*）

> 对于一个孩子而言，娓娓道来，总强过教条模式化的说教。

对于玩家而言亦然。

作为熟悉了某种开发模式的游戏研发者，我们常常习惯性地把套路化的游戏模式和庞大的世界观一股脑地以新手引导的方式塞给玩家，却总是忽略他们的需求。

《勇敢的心：世界大战》在这个问题上，逾越了天然摆放在其面前的巨大鸿沟，并且比绝大多数游戏做得更好。这款以UbiArt引擎制作的2D冒险游戏将目光从已经被游戏界重现过太多次的第二次世界大战上移开，而转向了游戏领域甚少被人涉足的第一次世界大战。与正邪相对清晰的"二战"相比较，"一战"题材总是免不了涉及更为复杂的叙事，这便对游戏开发者的"讲好故事"的能力提出挑战。《勇敢的心：世界大战》就是在这样的基础上，完美还原了一战的历史背景和重要战场。

游戏主线以四条线索展开：

其一，1914年，随着奥匈皇储弗朗茨•斐迪南大公（Archduke Franz Ferdinand of Austria）在萨拉热窝被塞族民族主义者刺杀（史称"萨拉热窝事件"），"一战"爆发。生活在法国的德国人卡尔（Karl）因此被驱逐出境，被迫离开自己的妻子玛丽（Marie）和儿子维克多（Victor），并被强征为德军一员，最终服役于德军军官冯•多夫男爵（Baron Von Dorf）的麾下。

其二，卡尔的岳父埃米尔（Emile）被法军强征入伍。

其三，艾迪（Eddie）因自己新婚的妻子死于冯·多夫男爵指挥的轰炸，自愿加入法军。

其四，一个来自比利时的女孩安娜（Anna）因身为科学家的父亲被冯·多夫男爵掳走而踏上救父之路。

不同国籍、不同肤色、不同种族的4个人，就这样被卷入战争。

《勇敢的心：世界大战》（*Valiant Hearts: The Great War*）场景一

《勇敢的心：世界大战》（*Valiant Hearts: The Great War*）场景二

《勇敢的心：世界大战》（*Valiant Hearts: The Great War*）场景三

《勇敢的心：世界大战》（*Valiant Hearts: The Great War*）场景四

　　《勇敢的心：世界大战》的叙事自 1914 年绵延至 1917 年，历经 4 年，容纳了第一次世界大战自爆发至美国参战之间的战争全程。并且以不急不缓的节奏把"一战"中涉及的历史文化背景、重要战役和人物成长历程以碎片化的形态隐藏在作品中，引导玩家慢慢发掘，使玩家的情感不断堆积，终于在结尾爆发。

这是一部绝佳的游戏作品，然而若是细究其成功之处，似乎无法简单地以"点子"一词概括。它胜在美术绘制，胜在剧情结构，胜在悬念设置……

如果一定要深究其点子的来源，恐怕只能从开发团队的口中探得端倪：

"'一战'期间，6500万人被动员参战。

这个故事的灵感来源于他们的信件。"

如果一定要深究致使其成功的某一"点"，那恐怕只能归结为这款游戏作品所体现出的：

敢于触碰现实世界与揭露历史真相的勇气。

取自真情，付诸真情，发自肺腑去制作一款游戏，远胜于"步步为营""精心策划"和"投机取巧"，这是最笨拙的方法，也是最奏效的方法。

二、"我有一个点子"

我相信有相当一部分读者曾在各大网站的贴吧、论坛或者留言板见到过诸如此类的提问：

"我有一个点子，想要创业，如何找到投资人和团队？"

下面的跟帖往往千姿百态，或励志，或调侃，或好言相劝，或冷嘲热讽，答案多了，其中也不乏妙趣横生之言。其中最"广为流传"的莫过于这样一个比拟："我有一个鼠标，想配台电脑，怎么配？"

实则好的**"点子"**作为一件产品的**"灵魂"**，以电脑鼠标作为比喻未免有些太不贴切，起码也要比成个"电脑主板"之类的重要部件。然而这也确怨不得写了这比喻的朋友，因为"电脑鼠标"的说法从某种角度反映了当下创业圈的"浮躁"现象，太多

急于求成的创业者们渴望着以一"奇思妙想"搏"万贯家财"，却丝毫不曾考虑过这个"奇思妙想"的技术难度和可行性，大概也不曾客观详尽地衡量过它的商业价值或艺术价值。"敝帚自珍"的心情我们完全可以理解，然而**若将自己的"敝帚"强加于他人，无论对产品还是对创业本身而言，都不可取。**

1. 为什么我的"点子"不值钱

似乎关于"点子"的激烈讨论，很少有哪个行业比游戏界更加频繁。

例如，在手游公司，一个刚踏入职场的年轻后生便也敢在会议桌前对公司产品指点江山，这样的做法虽然不招人喜欢，却也算得上是司空见惯，当然不排除这其中有真材实料，可很多时候，这样的现象说穿了不外乎是因为：**"游戏嘛，谁没玩过。"**

即便离开公司，身为一个独立开发团队的一员，身为一名独立游戏开发者，也时不时会遇到一些热心地对我们的游戏"品头论足"或"指手画脚"的玩家："你们的游戏玩法可以这样做，你们的 UI 设计可以那样改……"

当然，玩家们总是出于好意的，可在被问烦了的时候难免也会挂着笑在心中"腹诽"：

难道这个点子我没想到过？难道那么多的开发者都没想到过？

通常情况下我们习惯性地反驳这样或那样的点子，而我们的老板（如果有）也同样习惯性地反驳我们的点子。

为什么我的点子不值钱？

具体到点子的好坏，始终是个仁者见仁智者见智的问题，因此，在此我只能简单总结一些身边的例子，概括地谈一谈常见原因。

其一，同质化。

这一点相信大家不难理解，在常常"混迹"于游戏行业的"老江湖"眼中也不过只是旧调重弹。诚然，我们轻而易举便能举出许多手游行业的例子，如花样百出却换汤不换药的"三消"游戏，再如曾备受推崇火爆一时的"卡牌"游戏……

若是再举一个非游戏行业的例子恐怕会更容易让人理解，如《印象·丽江》《印象·西湖》《印象·海南》……

无论在什么行业，一味地跟风效仿，却不懂得"计划生育"，审美疲劳和市场饱和是迟早的问题。同时这样的"点子"既不是我们独创，我们又没能占尽先机，如何指望它"身价连城"？

其二，行动力和时效性。

可以确定的一点是，手游行业对所谓"时效性"的要求高于多数行业，至于原因，从一位业内人士提出的观点便可见一斑：

"一款手机游戏的平均生命周期只有 10 天。"

当然，我始终觉得这句定论太过言之凿凿，其真实性也有待考证，然而这从侧面提醒了每一个开发者在产品的研发和发布上，不得不尽可能地做到"**快、准、狠**"，即：

快速研发，精准定位（或准确设计），**一击致命**（上线后以最短时间"俘虏"玩家）。

因此，行动力成了至关重要的成功要素之一。

缺少了行动力的点子，其唯一的命运只能是：

诞生于"纸上谈兵"，终结于"事后诸葛亮"。

一再地拖延只会让我们的"点子"失去先机，从**"开创先河"**沦为**"跟风之作"**。

一个非常有趣的例子是我的一位曾在游戏公司任职的朋友，彼时手游行业莉莉丝游戏 CEO 王信文的"草根逆袭"创业神话正在急速扩散，而他的产品《刀塔传奇》所创下的月收入破亿的纪录也令创业者们艳羡不已。当我们以此作为谈资，茶余饭后谈笑风生感慨之余，我的这位朋友却在捶胸顿足："我去年想到过和他一样的点子！就差做出来，结果就被人捷足先登了！"

我们暂不去讨论他说大话的可能性有多少，纵然如他所言确有其事，那便也无资格怨天尤人。因不能把握时机、不具备行动力而让"点子"变为复制品，让自己的"白日做梦"变成了他人的"白日做梦"，怪得了谁呢？

▎其三，"创盲症"。

"创盲症"是近几年流行起来的新鲜词汇，解释起来不外乎两个意思，其一是**"创业文盲"**，其二是**"创意文盲"**。无论是这两种中的哪一种，在游戏行业都会成为致命弱点。一旦患有"创盲症"，就说明我们既不懂得游戏创意又不懂得游戏市场，就意味着我们的"点子"已经脱离了实际，甚至很难被运用于所在行业，由此而引发的问题可能五花八门。

例如，目标用户定位混乱，多个互不搭配的核心玩法杂糅，功利心切、"圈钱"手段粗暴低劣，审美不过关、游戏设计不知所谓……

如果"创盲症"无法痊愈，除了极少数运气极佳者之外，我们的"点子"在诞生伊始便注定走向夭折的命运，更无法奢求其茁壮成长。

其四，可行性。

我相信在我们也许为期并不算长的人生阅历中，无时无刻不在进行着所谓的"可行性分析"。

一个简单的例子信手拈来：今天晚上吃什么？

在这个时候我们的脑子里兴许蹦出十余种想法：清蒸桂鱼、鱼香鸡丝、麻婆豆腐……

继而我们会很快弄清楚，究竟哪道菜式是可以实现的：家中是否有人会做这几道菜？家中是否有这些食材？附近是否有可以完成这几道菜的餐厅？

事实上，可行性分析与我们的生活密不可分，然而很不幸的是，在精心打磨和酝酿一个点子的同时，我们很容易忽略掉这件事。

例如，我认识的一位想做游戏的玩家朋友曾经问我："我想做一款能让每一个玩家都有不同体验的游戏，我该怎么做？"

抛开需求不明确的问题，我们很容易看出这位玩家朋友提出了一个让游戏趋于"完美"的点子，就如同我曾提及过的：**越好的游戏能带给玩家越多的可能性**；而"让每一个玩家都有不同体验"无疑能实现这个目标。

可是显而易见，这位玩家朋友的"点子"似乎潦草得和"可行性"并没有什么关系。因此，这个"完美"得有些缥缈的点子便只能成为一纸空谈。

当然，我举的例子有些夸张，可我希望大家明白的是：

　　天马行空的"点子"并不等同于"胡思乱想"，而**在设计上的创新也不能轻而易举便超越客观事实**（如技术水平、行业发展现状等）。

　　我们并不要求凡事一定做到"有理可依""有据可考"，可在思考、度量和筛选点子的问题上，有时候我们需要做得很简单，那便是：

▍仰望星空，脚踏实地。

2."点子"和"国情"

　　我很喜欢重复的一句话是：

▍技术的进步和产品的研发永远无法脱离社会格局。

　　如果一定要把这一小节和上一小节的内容做一个关联，那么我想，这一小节的标题大可以改为：

　　为什么我的"点子"在中国不值钱？

　　我在很小的时候曾在某本杂志中读到过我父亲的一篇文章，讲的是 20 世纪 90 年代起，国内开始大肆盛行的"空手道"现象。大意是说一个不名一钱的"草根"可以通过"口头"从"东家"进货再"口头"卖到"西家"的行径成为别人眼中"身价不菲"的某老板的"怪事"。对于这样的人来说，成百上千万的"大生意"不必打草稿张口即来，哪管那八字还没一撇的"东家"和"西家"到底是真买还是假卖。

　　当然，这种"空手道"的现象在如今的国内依旧气势不减当年。而事实上，面对这些戏剧色彩颇浓的"空手道"者们，大多数人在表面上还是比较尊重的，动辄便以"某老板""某总"称之，想想也是，毕竟人家做的是"大生意"、搞的是"实业"。

可在国内有这样一群"生意人"，从不做"空手道"的生意，"实打实"出售"真材实料"，其结果，非但不如"空手道"者们那般"叫好又叫座"，反而还常常陷入"费力不讨好"的泥潭。

那便是出售点子的人。

我们在这里可以把"点子"暂时地具象化，它是游戏设计、是网页设计、是图形设计、是 UI 设计，甚至可以是程序设计……

我们不妨思考一下中国的"点子"制造者们"入不敷出"的原因。

其一，"点子"不如实物值钱？

事实上，包括我在内的相当一部分设计者在国内很多地方遇到的最大障碍是：

我们的工作成果往往摸不到、触不着，无法被定性，同时也难以被外行人理解。

很实际的一个例子是，我在 2015 年年底设计了一本新年台历且销量颇佳。在台历销售一空后有一些未能抢到的买家问我："可否把这些台历的图片给我，我自己去印？"

我对此颇感意外，但只能礼貌地表示："为了保护设计师版权，这些图片不能赠送。"

在这种时候，我的身份由一个设计者，被定义为一个台历制造者。时逢新年，更有意思的一件事是走亲戚时一位知道我设计了一本台历的亲戚问我："你就是做台历的吧？"我想了想，苦笑着点头称是。

在游戏行业，"不值钱"这 3 个字体现得尤甚。因为其组成要素**"美术""程序"**和**"玩法"**皆与**设计**相关，且 PC 游戏或手机游戏本身也不过只是一款不具备"实用"功能的软件罢了。

2015 年，国内的设计领域掀起了一阵"为设计者平反"的风潮，关于设计成本的讨论在各大社交媒体也层出不穷，这无疑体现了人们认知上的进步，同时却反映出国内设计者们堪忧的生存现状。

其二，"点子"的生产成本低？

在国内的游戏行业，游戏设计师普遍被称为"策划"。

"策划"一词最早出现在《后汉书》。

"策"最主要的意思是指计谋、谋略；

"划"指的是设计，谋划。

而事实上，目前国内的游戏行业，很多策划们都只被赋予了**"策"**的权利和期望，很少有人真正有机会去完成**"划"**的职能。在一些规模并不大的小型手游公司，几个甚至十几个策划积极地提供着他们的"策"，一个老板却独自做着与"划"有关的所有工作；而在一些拿到了业外投资的手游创业团队，掌握着"划"的，往往也是那些并不了解行业详情的投资人。

当然，这些是国内手游行业的不幸；同样的，这"不幸"使得很多具备着将"点子"变为产品的谋划力和执行力的游戏策划，仅仅做着天马行空提供个 idea 的工作。

不错，有时候"点子"的生产成本并不高，双手抱臂往沙发中间一躺，用不了几分钟，数以百计不需为其"善后"的"点子"

便可以层出不穷。

究竟是"点子"的**生产成本低**？还是一些**思维误区**和国内对**创意行业过分保守的态度**使得"点子"的生产成本和附加价值被大大拉低？

其三，"点子"的复制成本低？

谈及这个问题，就不得不提及手游界的里程碑事件之一：

数字益智类手游 *Threes*！（中文名为《小三传奇》）和同类游戏《2048》的"较量"。

一个越玩越上瘾的小游戏

▲
手游《小三传奇》（*Threes*！）

▲
手游《2048》

　　如果你始终关注着手游行业的动态，那么这两款游戏你一定不会陌生。前者于 2014 年 2 月 6 日登陆 AppStore，后者是紧随其后的效仿品。两款游戏先后发布的结果却令人意外，**效仿品在玩家中的呼声高过了原创产品。**

　　2014 年 3 月 28 日，*Threes*！的开发者之一 Greg Wohlwend 在自己的推特账号上发布了一段文字，其中如是说：

　　"我们在制作这款小游戏的设计上花费了颇多心血，但要复制它太容易。"

　　在这段文字的最后，Greg Wohlwend 还发布了一篇题目为《我们的原创游戏和那些仿制品》（*The Rip-offs & Making Our Original Game*）的日志。在这份长达四万五千多字的声明稿中，*Threes*！的开发者 Asher Vollmer 和 Greg Wohlwend 提到，他们两人用一年时间设计这款游戏作品，而在游戏上架之后，短短

21 天内，在 iOS 平台便出现一款叫作《**1024**》的类似作品，一周后则又出现了一款名为《**2048**》的同类游戏。

▲ 效仿品手游《1024》

　　虽然 Asher Vollmer 和 Greg Wohlwend "大度"地没有将其归结为抄袭，但即便是钟爱着《2048》或《1024》的玩家也不难察觉其中猫腻。

　　客观条件导致了行业现状：

　　"点子"的**复制成本**依托于**技术，技术的进步**使得"点子"的**复制门槛不断降低**，而"点子"的复制也只需要简单粗暴地贯彻"拿来主义"，完全不需要思考它诞生的由来和设计思路。

　　也许有人会说：上文的例子并不符合"国情"，那是外国人的事情，并不发生在中国。

　　诚然。

可在中国，"点子"的生存环境远比国外更为恶劣。

我们能看到 Asher Vollmer 和 Greg Wohlwend 在被"借鉴"后的发声，却看不到众多国内的设计师在被侵权后的表态。当国外设计师在使用了从网上下载的字体而被索赔的同时，国内的"拿来者"和"被拿者"则"顺理成章"地一个愿打一个愿挨，若是自己的设计能被所谓的"知名人士"或"权威人士"利用，设计者在忍气吞声之余恐怕还免不了为自己"点子"的曝光而沾沾自喜。

这样的例子比比皆是，大环境如此，我们很难去单纯地怪罪"拿来者"和"被拿者"。同时我们也该扪心自问：

在研发过程中，有没有跟风效仿过热门的游戏模式？有没有使用过唾手可得却无人追究的素材和字体？

很惭愧，我曾这么做过，我当过侵权者，也当过被侵权人，但我不喜欢、也不希望再发生这样的事情。

其四，"点子"和发财梦。

对于很多投资人而言，大到一款游戏的设计，小到一个点子的萌发，其优劣的评判标准似乎只有一条：**是否能盈利**。

作为一名开发者，我们无法也无权指责任何人"**太具功利心**"，毕竟停留在经济层面的问题是现代社会人类生活中被讨论最多的"主旋律"。可问题就在于：

创意行业本身并不能承载得起"一夜暴富"的美梦。

创意需要**积累**和**沉淀**，好的"点子"也并非不需要检验便张口即来，无论是一款好的游戏、一幅精妙绝伦的美术作品、一本好书，还是一条警世恒言，它们的影响力更多地都体现在文化层面而非经济。

这样看来，我们就不难理解为什么很多研发商和投资人偏爱"千篇一律"的"成熟"的游戏模式，而使相当一部分极具创新精神的"点子"遭受冷遇的原因了（这里的"成熟"的游戏模式指的是一些具备成熟吸金模式的游戏类别，如 MMORPG——大型多人在线角色扮演类游戏）。

反过来看，我们便也不难理解一些开发商为"取悦"投资人或迎合市场所做出的妥协和让步，最为简单粗暴却屡试不爽的一个办法就是："**换皮**"，熟悉游戏圈的朋友都知道，这法子早已是业内的"老生常谈"。

例如，早在 2010 年蓝港在线旗下的网络游戏《仙尊》就被爆出是其旗下网络游戏《西游记》的"换皮"产物。

至于如今的手游时代，"换皮"现象更是层出不穷，前文提及过的 *Threes*！和《2048》《1024》之流就可算作一个很好的例子。

这也从侧面补充解释了为何许多游戏策划人在其研发团队中"英雄无用武之地"的原因。

3．如何提高点子的价值

我在前文颇费笔墨地讲述国内创意行业的普遍现象，并不是打算借着撰写此书的机会对某些现象和某些"不识货"的投资人发起一场口诛笔伐，也绝不是因了对这创意行业"不公"的"国情"胸中愤懑难当不吐不快。

而依旧是那句老话："**万事有道，得道则通，通则顺，顺则成。**"

逆势而行绝非明智之举，顺势而为才是上佳良策。

既然国内对"点子"不买账，我们又大概了解了其"不买账"

的原因，那么我们便可以相信：办法总比问题多。

其一，把点子变成实物。

这句话听起来兴许有那么一些不切实际。因为游戏设计不是造型设计、不是机械设计，也不是服装设计，它的"从无到有"也不过就是从"灵光一现"演变为一个仅仅能出现在电子设备上的"小玩意"。

虽然这"小玩意"可能对业外人士而言"不值分文"，但是对于大多数投资人（如果你需要）和我们自己，都至关重要。

我的意思是，让我们的点子更为具象化的最好方法之一就是：

"制作 demo"。

事实上，在许多经验不足的创业团队和独立游戏开发团队中，demo 的重要性更容易被忽略。

那么什么是 demo 呢？

在这里我们可以理解为，demo 就是我们的点子中最不确定的地方的实际体现。而在 demo 的完成度确定方面，只需要达到需要体现的那一点的设计意图就足够了。至于 demo 的具体实现，我们会在后文详细介绍。

除了**减少团队内部的沟通成本**和**试错成本低廉**之外，demo 对于点子来说最大的优点在于：

它以超低的成本**让我们的点子的优劣之处一目了然**；

它能**让我们的点子在投资商眼中身价倍增**。

其二，提高"点子"的成本。

把策划人的权利还给策划人，是我们能够畅谈提高"点子"

成本的先决条件。

我十分推崇恢复策划人的权利，但我并不赞成在一款游戏的研发过程中由多个人把控大局。事实上，在每一个点子上，只一个人拿主意最好不过，人多意味着妥协，妥协意味着产品的索然无味。正所谓：

一个和尚有水吃，两个和尚抬水吃，三个和尚没水吃。

换言之，一个人拿主意最能保证点子的"**风格化**"：

带着鲜明的个人色彩的点子是最难以复制的，*难以复制，意味着成本的提高。*

事实上，越是大众化的东西越容易被人理解和学习，因此，越是大众，可复制性便越强。从另一个方面来讲，太过"大众化"就意味着我们的点子很可能沦为一大批同质产品中的一员。创意的最高价值，永远都体现在它的"**独创性**"上。

其三，把"点子"变成 IP。

在"点子"的问题上，我们喜欢说"**独创性**"和**细分市场**。正如前文所说：

"独创性"是最具**价值**的，而细分市场是最具**潜力**的。

毫无疑问的一点是"独创"的产品难以复制，而同样可以确定的一点是难以复制不等同于无法复制。一个对中小型手游研发厂商而言不容乐观的客观现实是：只要对方有实力，那么复制任何产品都不在话下。

我想说的是，在手游行业中，如果你的"独创性"做得够好，细分市场拓展得够大，产品模式足够成功，那么雄踞市场的大型游戏研发厂商常常会在你猝不及防之际**"闯入"**你所开拓的市场，继而轻易**"抢"**走你的一切。

最具代表性的例子莫过于腾讯的"等待成熟"的战略，一旦创新者证明了某种商业模式，它就依靠雄厚的资金和用户优势飞速超越创新者。

手游行业另一个绝好的例子就是以"老牌换皮公司"著称的手游研发商 KetchApp，它最为人所津津乐道之处便是"几个月研发数十款产品"的"研发能力"（或者说是"复制能力"）以及高达 85% 的成功率。

微信游戏**《围住神经猫》**红遍全中国，KetchApp 便紧急研发一款玩法雷同的**《点点别跑》**（*Circle The Dot*）火速占领欧美市场。

微信游戏《围住神经猫》

《点点别跑》(*Circle The Dot*)

火爆全球的"**现象级手游**"（通常指具备高增长、高回报、高死亡等特点的，短期内红极一时的手游产品）*Flappy bird* 的开发者阮哈东前脚刚发布新作**《晃飞机》**（*Swing Copters*），KetchApp 后脚便抛出一款玩法异曲同工的手游**《神奇的砖头》** *Amazing Brick*，着实让《晃飞机》有些措手不及。

独立游戏《晃飞机》（*Swing Copters*）

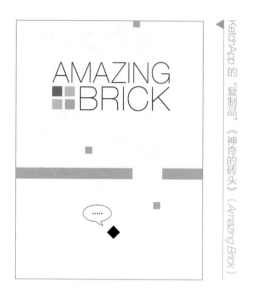

KetchApp 的 "复制品"《神奇的砖头》（Amazing Brick）

　　行业巨头们与小型创业团队的"争夺市场"之战却也并非全然是因为其"财大气粗"故而胆敢"仗势欺人"。独创的游戏模式和游戏玩法的版权保护由于制度的不完善而始终被大众忽略，灰色地带因此诞生并蔓延开去。

　　一个非常好的顺应时势的方式是：

　　把你"独创"的"点子"以一种新的方式和版权保护挂上钩。

　　这便是我们所说的，**把"点子"变成"IP"**，IP 即 Intellectual Property，意为知识产权。

　　2015 年是国内手游市场 IP 爆发的热门年。一些极具人气的影视剧、综艺节目和文学作品都成了游戏厂商所热捧的 IP 来源。非常著名的一个例子是 2015 年由天象互动研发的手机游戏《花千骨》，开创了一个由文字作品到影视剧再到游戏产品的新营销策略。

　　另一个非常典型的例子是拥有着广泛粉丝基础和二十余年沉淀的经典游戏 IP**《仙剑奇侠传》**。武侠题材的角色扮演类游戏，从游戏在中国流行伊始至今，各大游戏公司从未放弃从中继续挖掘和开拓市场。然而市场是行业巨头独大的，已发展成为知名 IP 的《仙剑奇侠传》却是唯一的。

从这个角度来说：

> *把点子 IP 化可以成为帮助"势单力薄"的创业团队抢夺市场以及站稳脚跟的最有效的武器之一。*

关于提升"点子"价值的方法数不胜数，我在此也只是没有"创意"地归纳总结了三点不具备"独创性"的建议，然而对于这种近似于社会规律的老生常谈而言，"大众"往往比另辟蹊径更为实用有效。在第三章资金博弈中，我还会对点子价值的挖掘做一个简单的补充。

4．如何评判你的点子

在手游行业，我相信有相当一部分怀揣着"点子"却四处碰壁的游戏人拥有着构思奇特的绝佳创意，毕竟"**千里马常有而伯乐不常有**"这句话在如今各个行业依然适用。

我也知道，在游戏行业，"点子"的良莠不齐是时下现状，滥竽充数而不自知者亦在少数。

如何尽可能客观地分辨和评价我们的"点子"中的精华和糟粕，是每个游戏行业创业者必须了解的问题。

我一度很犹豫第四部分和第三部分的顺序安排应当孰前孰后，最后之所以把"评判点子"排在后面，是因为"提高点子的价值"一节和前文联系更加紧密，而对点子的评判过程应当贯穿整个章节，因为不断评判自己的点子是一个良好的习惯：若是有那么一

套所谓的衡量和检测标准，使我们在点子诞生之前便能够进行判断，也许我们对"好点子"的追求之路就不会那么艰辛和冗长；若是有那么一些提示可以在我们的点子打磨之时使我们受到启迪，也许我们的试错成本将会大大降低。毫无疑问，对点子的千锤百炼和吹毛求疵总是好过给一款已近成型的游戏产品做过多的修整工作。

评判点子是降低游戏研发风险和成本的有效途径。

时至今日，已经有相当一部分公司和团队意识到这个问题，他们在工作之余决心找出一套关于"点子"检测的方法。在我所看到的前辈们给出的建议里，英国广告公司 Mother 提出的**"创意检验十二项"**相较而言最忠恳，而其中的八项也最为贴近游戏行业，我试图将其提炼总结，并结合一些实例，希望游戏人们可以从中借鉴一二。

第一项：直觉性测试。

这是 Mother 公司提出的第一项测试，它的观点是：

"在你脑子试图整理或组织这个创意之前，先注意一下你的直觉。"

在游戏类别繁多的手游行业，如果你是一位经验丰富的资深玩家，那么直觉的确是一条再好不过的检验方式。这里的直觉并非是类似于"女人的第六感"之类的颇具玄幻色彩的说辞，而指的是游戏经验和游戏感的积累。

一个非常好的例子是最早于 2009 年 5 月发布，至 2016 年依然风靡全球的游戏作品**《我的世界》**（*Minecraft*）。这款游戏所获得的成就令人咋舌：GDC2011 游戏开发者大会创新奖、最佳原创新作奖、最佳下载游戏奖；GameTrailers 评选 2010 年度最佳游戏奖；2015 年日本游戏大赏特别奖……

▲ 著名游戏作品《我的世界》（*Minecraft*）

▲ 玩家在《我的世界》中建造出令人叹为观止的建筑

可更加奇特的是，在对其开发者 Markus Alexej Persson 进行采访的时候，他曾表示过：《我的世界》的巨大成功虽然出人意

料，但在创意诞生之初，虽无直接证据，Markus 却早已预感到这款游戏能受人喜爱并带来盈利。

事实上，对于一个有着丰富游戏经验的游戏人来说，**直觉**往往有着强大的力量，并且在很多时候十分正确，不妨好好利用我们的直觉，同时保持**积累**和**思考**的习惯，以不断提高我们的直觉的准确性。

第二项："中国菜"测试。

Mother 公司的观点是：

"要注意在会议结束后，还一直停留在你脑海中的东西。有些创意就像中国菜一样，当下让你觉得很饱，但过一会儿就又饿了。"

我在形容点子诞生的时候，动辄喜欢用"数以百计""数以千计"之类的形容词。如果用菜式来比拟，在酝酿一个点子的时候，我们面对的往往是一整桌的"满汉全席"，在这种时候，思考热潮需要冷却，因为**好的点子如一本好书，无论时隔多久，其中思想依然滞留在脑中盘桓不去。**

一个绝佳的例子依旧是常被我挂在嘴边的 *Threes*！。

2014 年 3 月 27 日，在 *Threes*！作者 Asher Vollmer 和 Greg Wohlwend 公布的日志和信件中，我们找到了 *Threes*！设计过程中许多被弃用的"点子"。如消除符号的设定曾有过数字、动物、寿司、拟人表情、混合物品等多种设想，经过一番艰苦的挣扎之后，Asher Vollmer 和 Greg Wohlwend 选择了令他们自己最"不能释怀"的数字的创意。

事实证明了他们的抉择有多么明智，*Threes*！发布后引发的效仿狂潮，正是一场以《2048》《1024》为代表的"数字游戏热潮"。

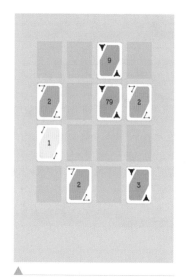

Threes！在设计阶段被弃用的设计图 1

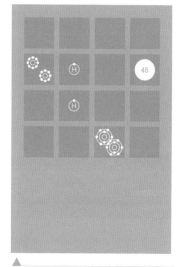

Threes！在设计阶段被弃用的设计图 2

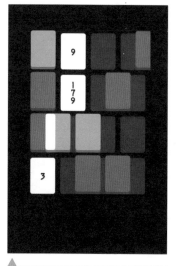

Threes！在设计阶段被弃用的设计图 3

Threes！在设计阶段被弃用的设计图 4

Threes! 在设计阶段被弃用的设计图 5

Threes! 在设计阶段被弃用的设计图 6

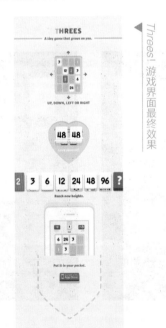

Threes! 游戏界面最终效果

第三项：刺激测试。

Mother 公司的观点是：

"那些一开始让大家不舒服的创意才是真正改变的开端。"

这个观点颇有意思，因为所谓的"**一开始让大家不舒服的创意**"往往会受到最尖锐的冲击，在一些氛围和思维方式保守的团队，"让大家不舒服的创意"意味着无穷的挫折。

但值得一提的是，这些看起来完全与人们的认知背道而驰的"点子"，对独立开发者和独立开发团队而言是个绝对的优势。只要信念足够坚定，便不惧困难重重。

非常好的例子是由英国独立游戏工作室 Ndemic Creations 研发的手机游戏**《瘟疫公司》**（*Plague Inc.*）。

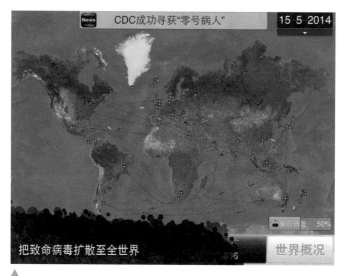

▲
独出心裁的独立游戏《瘟疫公司》（*Plague Inc.*）

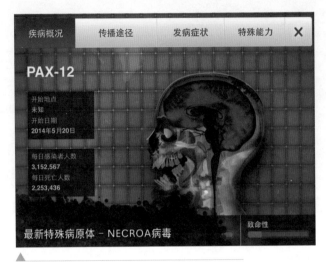

| 疾病概况 | 传播途径 | 发病症状 | 特殊能力 | ✕ |

PAX-12

开始地点
未知
开始日期
2014年5月20日

每日感染者人数
3,152,567
每日死亡人数
2,253,436

最新特殊病原体 – NECROA病毒

致命性

独出心裁的独立游戏《瘟疫公司》（*Plague Inc.*）

　　《瘟疫公司》的设定可谓颠覆了千篇一律的"人类拯救世界"的游戏世界观，恰恰相反，它最让人感到不舒服也最吸引人的部分就是：在游戏中，玩家扮演的不是拯救地球的英雄，而是毁灭世界的病毒。这种设定的奇特之处极类似于我在前文花费颇多笔墨提及的《监狱人生 RPG》，即全新的"换位思考"和与众不同的体验。

　　我们在这里不去讨论这些游戏的玩法设计多么引人入胜，也不去探究它逐级递进的游戏体验多么精妙绝伦。单说这些点子给人带来的"**刺激性**"，便有些类似看恐怖片时的又怕又爱欲罢不能的体验，安全的"不适体验"对玩家来说，永远都是难以抵御的诱惑。

第四项：唤醒意识的测试。

　　Mother 公司的观点是：

"一个简单的真理、观点或是以一个有意思的表达来说明观察到的东西，都比那些看似聪明却复杂的概念要好。"

这句话的意思是：**好的点子都是显而易见的**。

我们也可以这样理解，如果我们提出了某个点子，能让周遭的朋友以**"以前一定有人做过"**为反驳理由，那么事实上，这个点子是值得考虑的。

▍第五项：借由调查所得的创意。

在一个借由调查研究为重点的行业中，点子可能就在调研过程中被无意发现。换个角度思考，一个点子若能轻而易举依靠调查研究得出，那么它也可能被用以证明已存的公式。

事实上，成功的游戏玩法和亮点往往总能在社会学或心理学等各种已趋近成熟的学科中找到影子。

举一个简单的例子，美国俄亥俄州立大学的一项研究表明，人类所有的行为都是由 15 种基本的欲望和价值观所控制的。这15 种基本欲望分别是：

好奇心、食物、荣誉感、被社会排斥的恐惧、性、体育运动、秩序、独立、复仇、社会交往、家庭、社会声望、厌恶、公民权、力量。

我们可以在任何一款火爆的战争主题游戏中发现其核心设计对力量的极端推崇；我们也很容易看出社会交往系统在游戏行业的广泛应用；如果我们曾充分体验过几款 MMOORPG 的核心系统和主推亮点，我们也能轻易找出游戏设计者多么"费尽心机"地利用了玩家对**"复仇"**和**"荣誉感"**的欲望来使产品大获成功。

当然，上文提及的所谓"15 种基本欲望和价值观"只是调查的其中一种。如果我们希望借由调查获得绝佳的点子，那就对游戏设计者和研发者们提出了一个"**博学**"和"**广知**"的需求：

▎ *我们需要认识更完整的世界。*

▎ *第六项: 你说的是真理还是只是没说谎。*

Mother 公司的观点是：

"一个丑陋的真理比一个华美的谎言来得强大。"

事实也的确如此：

一个好的点子总能用一种意想不到的方法真诚地呈现出来，犹如真理；

中等点子类似于模棱两可的阐述，既不说谎，也绝不是真理；

最差的点子则好比弥天大谎，除了昙花一现的口若悬河之外，别无他物。

可另一个事实是，越来越多的创业团队，在使自己的点子走向"模棱两可"或者"弥天大谎"的层级。

"写作是个高危行业"，这是一句题外话。因为我在此想举一些相识的同行的例子，并无针对之意，也请读者切莫对号入座。

曾有一位刚打算开始动工的同行在喝咖啡之余这样告诉我："事已至此，人已攒齐，箭在弦上，不得不发。对我的团队来说，即便觉得游戏设计已经变了味，为了不使士气低落，还是要坚持把它做下去。"

我的父亲曾说过一句话让我深以为是，那便是：**完整比完美更重要**。

可在游戏行业，我认为这句话需要分阶段考虑，我坚决拥护任何一个创业团队有始有终的行为，但我不大赞成在游戏工程完成过半之前发现设计硬伤也拒不修改的行径。觉得不好却依然做了，这无异于对整个团队撒下了弥天大谎。

在以创意著称的游戏行业，随时推翻自己的点子绝不是没有原则的行为，恰恰相反，**自我否定是一个良好的习惯**，*Threes*！团队做到了，我们呢？

▌*第七项：喜欢还是嫉妒。*

我相信很多读者朋友们都有这样一种体验。

例如，我的伙伴常常指着一款 AppStore 推荐栏中的游戏作品给我看，并兴致勃勃地为它做着简短介绍。在这种时候，我的第一反应往往是"准确"地指出这款产品的不足之处，过程中还不乏旁征博引，乍听上去似乎有理有据。

其实连我自己都清楚，这种反应有相当一部分来源于**嫉妒**，嫉妒，源于受到了**威胁**，也可以理解为"同行是冤家"。

一个让我们因**"为什么不是自己想到这个创意"**而气愤的点子很可能就是个相当好的点子。反过来讲，如果我们能想出一个让同行感到愤怒的点子，那么这个点子便有保留的价值，同时我们也要谨慎对待别人的评价：

如果我们的点子被愤怒地批判，那么这种批判，只听取一半就好。

第八项：到此为止还是继续传播。

微信游戏中的优秀作品总是依靠着"**优秀的传播力**"取得成功。因此，我们不必寻找过多的例子就可以很容易解释这一项所提及的内容，即：

人们不愿意传播一个无趣且没有新鲜感的点子；

如果你不愿意把这个点子传播出去，那么别人也不愿意这么做。

还记得前文提及过的手机游戏《**瘟疫公司**》吗？它以恰如其名的传播方式形象地印证了这一点：

一个好的点子，总是能如病毒般扩散。

三、我想把"点子"变成钱

没有人创业不是为了把"点子"变成钱。早就说过手游行业充斥着一夜暴富的神话，前文提及的诸多案例也都是这神话的见证者和实践者。

可若是像我们这样纸上谈兵信口拈来，似乎"把'点子'变成钱"也只是和"把大象塞进冰箱"一样，没什么难度，不外乎也是三步：

把点子变成创意，把创意变成产品，把产品变成银子。

解释起来似乎也同样简单：

能通过创意评判的好点子就是**创意**，创意的实现就是**产品**，产品带来的盈利就是**钱**。

然而一款游戏的"从无到有"真正实践起来，涉及的学科之广、领域之大，绝非我这薄薄的一本书所能概括。

　　我们也说过在点子的诞生、抉择、取舍和优化阶段多么让我们辗转反侧不能成眠，也提及过一个点子身上所系的成败让我们的团队怎样地如履薄冰。但是这仅仅是冰山一角，因为在前仆后继的创业者和创业团队之中，太多人度过了点子的难关，却"牺牲"在了"钱"的问题上。

　　因此，在点子之外，另一个重要的话题就是：

　　在把"点子"变成钱之前，我们的资金从哪儿来？

　　这，便是我们第三章要探讨的内容。

资金博弈

　　手游圈子里以"烧钱"为关键字的段子听得多了，总难免会让人产生一种"只要有钱便可高枕无忧"的错觉。我见过身负着"一钱难倒英雄汉"困扰的创业者为寻找资金而疲于奔命，也见过信奉着"有钱能使鬼推磨"的开发商财大气粗地挥金如土。可我们从不会感怀前者的艰辛，更不会艳羡后者的阔绰。因为手游行业的反复无常可以在一夕之间让这两者毫无差别地一无所有或一夜暴富；因为手游行业里的资金博弈从不需要强调起点的高低，而这场资金博弈中的胜者，往往是手游行业中的生存强者。

一、手游圈的两个故事，行业内的一种现状

本章伊始，我想先讲两个手游行业里关于钱的故事，借此可对手游行业与"资金"有关的大环境有一个简单的了解。

1. 手游传销还是流量骗局？DT1010 手游平台和它的"受害者"

相比较第二个故事，有关于 DT1010 的风波更加与众不同也更加鲜为人知。

之所以被我挖掘出来也是一次无意间从某法务平台上发现了这样一条消息：

"我在 DT1010 手游平台投资手游被骗，如何追回损失？"

出于职业本能，我对"手游"二字格外敏感，便以 DT1010 为关键字一路追查下去，继而在全国打击网络传销监控中心的网站中发现了这家名为 DT1010 数码流量手机游戏的公司涉嫌传销。

那么"手游"是如何与传销挂钩的呢？

简而言之，DT1010 游戏平台的运作手法是：以投资为名引导用户在其平台充值虚拟货币，继而体验指定手机游戏赚取虚拟货币，每位用户可绑定 10 ~ 20 个的不同账号，每个账号每天在每款手机游戏中可通过"在线五分钟"的形式盈利 5 个虚拟货币单位，长此以往，虚拟货币的数量越来越高，达到一定额度后便能兑现。与此同时，如果用户继续发展下线，还能得到一定量分成。

在网络走访中我发现，手游传销有别于其他传销项目用户群为中老年人的特点，它是为青年人量身定制的。例如，一位来自山东的受骗者张先生告诉我，他的妻子是在 2014 年怀孕期间开始从事这项"投资"，而到 2016 年依然每天沉迷在 DT1010 游戏平台的"玩手戏"赚钱梦里不能自拔。

▲ DT1010 手游平台宣传海报

▲ DT1010 手游平台后台界面截图

可以看出，在一些人眼中依靠手游投资大发横财似乎比其他方式更加"靠谱"，这导致了 DT1010 手游平台轻而易举取信于人，也为我们展现了手游行业投资圈乱象中的九牛一毛。

但是对于一些资深游戏人而言，是否从中发现了其他**猫腻**?

例如，

为什么每位受骗的用户需要绑定 10 ～ 20 个不同账号?

为什么用户要不断切换账号完成"在线五分钟"的游戏任务？

为什么所谓的DT1010平台会提供一些所谓的"指定游戏"？

在玩家声讨传销的血泪背后，DT1010平台还隐瞒了什么？

我相信有的人与我一样，怀疑这是一场游戏厂商与DT1010的合伙骗局，无论是拉人头儿还是强制在线时间，都类似于**强行导流量、恶意刷数据**的无良行径。

我们可以大胆推测，在DT1010针对用户发起的"洗脑策略"和"传销攻势"之外，在该游戏平台的另一头，很可能是某些急需作假游戏数据欺骗投资人或手游市场的手游研发商和渠道商。而DT1010干的无非是两头收钱的勾当。

作假游戏数据？真的有研发商这样做吗？

第二个故事会告诉我们答案。

2．生财"有道"？手游研发商的新"财路"

具备研发实力和**会讲故事**，哪个更重要？

我相信绝大多数朋友们会肯定地告诉我：前者。

但是很不幸，如今的手游圈，在"生财有道"的问题上，有时候似乎后者更吃香。

早在2015年年初就有微信号爆料，成都的一名"80后"自称是某知名游戏公司主程序员，而其团队的主美和主策均为业内资深人士，参与过众多知名的手游大制作。与此同时，团队已拿到了项目代码，改了个demo出来，四处在投资圈寻找传统企业老板，欲求天使投资。

该主程序员凭借着口若悬河的社交技巧和一嘴铁齿铜牙，以低成本和低开销作为诱惑一脸坦诚佯装梦想高远，很快便拿到了70余万元的投资。然而不久之后，另一幕很快上演，其团队对投

资人称，时下热门的手机游戏是全球化产品，若想追求高质量的游戏效果需前往上海寻找某美术外包公司来协助完成，但是费用方面需要 90 万元以上。此言出后，又一脸诚恳地表示："如果没钱也可以，节约成本有节约成本的好处，无非寻找个普通外包公司完成美术部分，只是画面品质差些，游戏体验差些，容易影响游戏发行罢了。"

于是这名来自传统行业的投资人稍作了解，发现品质优秀的美术外包确实价格高昂，追投亦能提升占股比重，所以很快便又投入 90 万元在该手游项目上。

可是事实是该团队所称的美术外包公司就在当地，外包费用不到 20 万元，其余的资金都被开发团队私下分掉了。

几个月后，团队负责人委婉地暗示游戏研发失败，投资人悻悻出局。创业团队不足一年时间轻松私分 100 万元，同时获得了一款完成度高于 50% 的手游产品，于是项目并未终止，换个地方改头换面，重新注册公司，继续寻找投资……

实则这种事情早在 2013 年的手游行业便开始屡见不鲜，但如果这些希望投机取巧的手游研发团队仅仅是这样大费周折骗取一点点投资，也不会有后面的 DT1010 手游平台什么事了。

另一个真相是在全国各地，有一些小型的工作室在手游大潮中如雨后春笋般出现，它们却不是手游研发商，不是手游发行商，也不是手游渠道商。它们是一些职业刷流量，"做"充值流水的公司。

它们利用各种手段帮助一些研发商在其产品中导入用户，并利用第三方支付平台模拟用户充值，在它们的完美包装下，动辄几千万月流水的成功手游产品便诞生了，若是运气好，这样的产品能直接获得大额投资或者直接被上市公司收购，可称得上是一本万利的大买卖。

这两个故事总结起来便是：

手游平台上瞒下骗涉嫌传销，研发团队虚构数据携款私逃。

而这种现状指的是：

新行业投资乱象层出不穷，研发商求财若渴不择手段。

没错，涉及资金，手游行业的现状是一个"乱"字了得。

二、一个重要问题：你需要多少钱

手游圈与资金有关的那些事儿的确猫腻颇多，置身其中久了，什么坑蒙拐骗都见怪不怪。虽然投机者不在少数，可终究不能成为主流，绝大多数的创业者还是希望凭借真才实学在业内占据一席之地。

从另一方面来讲，坑蒙拐骗的乱象也从侧面体现出手游行业的日益火爆和潜藏其中的巨大商机，机会和风险并存的市场是不会缺钱的市场，行业内骗术横行，意味着手游作为当下创业圈的一个焦点多么"吸金"。可即便如此，多数创业者在创业初期还是会疑虑重重：创业资金从哪里来？

事实上，对于很多团队来说，创业伊始便奔波于融资筹资沉湎于资金童话还为时尚早，想知道该从什么途径获得创业资金，想知道该向什么样的人寻求帮助，就必须先弄清楚一个至关重要的问题：

手游创业，我们到底需要多少钱？

1. 研发资金评估之一：手游类别

众所周知，手机游戏研发成本低，可这"低"只是一个相对的概念，例如，2016 年年初的热映电影《美人鱼》，投资成本高达 3 亿元人民币。和一部电影的拍摄成本比起来，一款手游的研发成本即便高至千万余元，都只算是小巫见大巫了。可即便是以"高"成本著称的《美人鱼》，若是遇上 2007 年上映的、耗资 3 亿美元拍摄的好莱坞大片《加勒比海盗：世界的尽头》，也只能在"烧钱"上望其项背。

因此，**手游的研发成本"低"的结论只是横向比较的产物**，我们作为创业者和开发者，一旦进入了这个行业，那么它较之于整个创业环境中的研发成本是高还是低便无足轻重了。此时我们需要关注的是：

我的产品，需要花多少钱？

在这里，就不得不介绍一下手游市场的主流游戏类别，以此作为参照，用以我们后面评估游戏的研发规模、研发资金和营收状况。

第一类：角色扮演游戏（Role Playing Game，RPG）。

角色扮演游戏，就是由玩家扮演一个或数个角色在世界观和故事背景完整清晰的世界中成长的游戏。

一般来说，角色扮演游戏总离不开**战斗**，而根据战斗的方式不同，角色扮演游戏又被分为**策略角色扮演游戏**或策略 RPG（SRPG，Strategy RPG）；**动作角色扮演游戏**或动作 RPG（A·RPG，Action RPG）；**大型多人在线角色扮演游戏**或大型多人在线 RPG（MMORPG，Massively Multiplayer Online RPG）等。

落实到研发规模的问题上，在手游行业，通常我们仅仅会把角色扮演游戏分为两大类：**单机 RPG** 和**多人在线 RPG**。

所谓单机 RPG，最便于读者理解的一个例子就是广为人知的**《仙剑奇侠传 98 柔情篇》**，故事脉络铺叙清晰、世界观展现完整细腻、角色性格鲜明动人……

它不涉及任何网络社交活动，不添加任何游戏内购行为，故而这样的单机游戏往往一上线便"叫好又叫座"，可研发团队左等右等，却往往只有"好评如潮"，见不到财源滚滚。

▲
里程碑式的 PC 端单机游戏：《仙剑奇侠传 98 柔情篇》

早就有人在游戏圈发问：

国产单机 RPG 为什么不赚钱？

实则不是不赚钱，只是赚得少而已。

为什么赚得少？

因为单机游戏往往采用一次性购买的方式进行销售，而其玩法内容的体现同样具备**"一次性"**的特性，所谓的"重复玩"的机制较网游而言也少之又少。既没有社交功能刺激玩家的攀比心理，也没有五花八门大张旗鼓的营销活动引导玩家"大手笔"砸钱。

以 2011 年**《仙剑奇侠传五》**的发售为例，作为代理商的百游老总吴亚辉接受媒体采访时表示，《仙剑奇侠传五》的售价是 69 元，而他们的销售目标在 100 万元以上。

我们再想想动辄耗资千万举办活动和动辄出现一次性在网游中充值几十万元的土豪们，这 100 万元简直是网游世界中的九牛一毛。

仙剑系列知名单机游戏《仙剑奇侠传五》

也许在这个时候有人会问:

我们讨论的是手机游戏,为什么要以一款 PC 端的单机 RPG 举例?

答案是:首先,游戏具有共通性;其次,在手游市场,目前几乎找不到一款传统意义上的单机 RPG。即便是由 Gamevil 公司出品的,著名的单机角色扮演手游**《泽诺尼亚》**系列,里面都加入了少许线上对战和网络社交的元素。

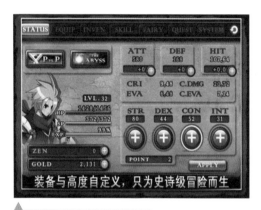

▲
手机游戏《泽诺尼亚 4》界面

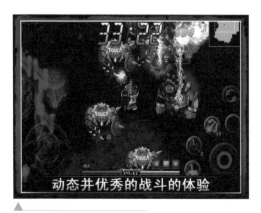

▲
手机游戏《泽诺尼亚 4》场景

虽然单机 RPG 并不"讨喜",但毫无疑问地,它也有着诸如维护成本低和开发人员需求量少在内的诸多优势。这使得单机 RPG 对资金的需求远远低于网络 RPG,而在手游领域更是如此,一个 5 人左右的团队就可以完成一款品质还不错的手游平台单机 RPG。至于需要的资金方面,一个手游业内的普遍说法是:

创业团队,准备 50 万元以上,这款单机 RPG 就可以动工了。

那么多人在线 RPG 呢?

业内普遍认同的说法是:

300 万元,15 人,10 个月。

当然,以上给出的数字只是一个平均估值,具体的数值根据每个游戏项目的**玩法设计**、**技术思路**和**美术风格**有所差异。当然,这还不包括后续的运营和推广费用。事实上,手游界的多人在线 RPG 若是提及后期的推广费用,绝对是"烧钱"排行榜的王者,例如,由蜗牛科技研发的大型多人在线手机网游**《太极熊猫》**号称全球的广告费用总成本已达 2 亿元人民币,即便在这样的情况下它依旧稳赚不赔,因此吸金率也可以想象。

▲
大型多人在线手机网游《太极熊猫》

第二类: 动作冒险（Act Adventure Game, AAG）和冒险游戏（Adventure Game, AVG）。

　　事实上，长久以来总有人将动作冒险游戏归为冒险游戏的类别，但随着游戏行业的不断发展，我们很容易看出自动作冒险从冒险游戏中派生出来之后，它的发展日益成熟，自成体系，因此应当与冒险游戏分而论之。

　　现在我们所说的冒险游戏通常以故事为核心，加入一些解密元素，如果你常玩游戏，就应该很了解这一类游戏中诸如《觉醒》（*Awakening*）系列、《黑暗寓言》（*Dark Parables*）系列的作品。这一类游戏如今也被称为冒险解密。

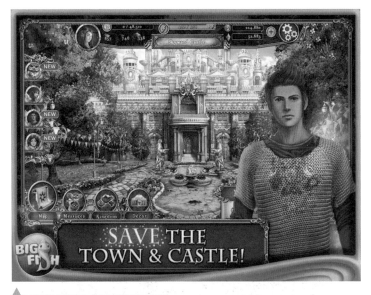

▲
解密游戏《觉醒》（*Awakening*）

解密游戏《黑暗预言：小红帽》

动作冒险具有大量的动作元素，甚至融入战斗系统，代表作有《寂静岭》（*Silent Hill*）等。

一般来讲，这一类作品因其精美的美术绘画和巧妙的谜题设置也常常被称为"大制作"，动辄需要数十人的团队完成研发，它的研发成本底线高于一般的手机端单机 RPG，而其中的一些优秀作品，谈及成本更是高得令人咋舌，甚至达到了数千万元之高。

动作冒险游戏中的大制作：《寂静岭》（*Silent Hill*）

第三类：休闲类游戏集合。

由于我们在此处按照制作成本和研发规模将游戏类别进行归类划分，因而这里所指的"休闲游戏"实则是一类小成本轻量级游戏的总称，其中甚至也包含前文所提及的动作冒险游戏和 RPG 中的轻度产品（例如，前文提过的冒险游戏《盲景》）。

我们先将这些轻量级游戏常属的类别大致做一个介绍：

益智游戏（*Puzzle Game*），手游代表作有**《愤怒的小鸟》**（*Angry Birds*）、**《俄罗斯方块》**以及各种消除类游戏。

▲
益智游戏《愤怒的小鸟》（*Angry Birds*）

策略游戏（Simulation Game），手游代表作有**《植物大战僵尸》**（*Plants vs. Zombies*，PVZ）、**《围住神经猫》**等。有时候我们也把一些模拟经营类游戏归为策略游戏类别，例如，由 Foo Siong Chee 研发的手游**《饭店物语》**（*Hotel Story*）。

策略经营游戏《饭店物语》（*Hotel Story*）

跑酷游戏（*Parkour Game*），手游代表作有**《神庙逃亡》**（*Temple Run*）。

跑酷游戏《神庙逃亡》（*Temple Run*）

射击游戏（Shooting Game）。需要补充的是传统意义上的射击游戏（也可以称为狭义上的射击游戏）仅仅指的是飞行类射击游戏，即由玩家控制一种或多种飞行器躲避弹幕进行射击，完成目标过关。手游代表作有**《飞机大战》**。

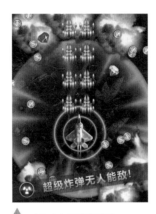

▲
射击游戏《飞机大战》

至于被众多玩家熟知的诸如**《半条命》**之类的游戏产品，从射击游戏的分类派生出来之后也自成一类，普遍被称作第一人称视角射击游戏（First Personal Shooting Game，FPS），在手游领域的代表作有**《现代战争》**系列。

▲
第一人称视角射击游戏《现代战争 4》

然而通常情况下，在手游行业，由于硬件设备的限制，第一人称视角的射击游戏并不多见，屈指可数的几款游戏作品中也以大制作居多，因此，它的规模和研发成本往往与动作冒险类似，不能属于我们现在讨论的休闲类游戏集合。

这些休闲游戏的研发成本和研发规模究竟是怎样的？

答案是：**成本很低，规模很小**。

事实上，这类休闲游戏的诞生恰是如今手游行业最有"看头"的地方，低成本和小规模的研发方式催生了一大批优秀的**独立游戏开发团队**和**独立游戏人**。为什么"**独立**"？

原因是：我们自己的收入和存款，虽然微薄却足以负担起研发成本。

以**《围住神经猫》**为例，其开发团队本是某公司旗下的一个小到几乎"微不足道"的项目组，他们也只是"无意中发现可以在微信上分享 HTML 格式的小测试或小游戏来聚拢用户，于是就花了一天时间做了这么个小东西"。谁想到就是这款仅仅由两人研发的小产品，却收获了数千万玩家。

另一个例子是由 Imangi Studios 研发的跑酷游戏**《神庙逃亡》**（*Temple Run*）。其第一代产品研发团队仅由 3 人组成，而在其取得巨大的成功之后，第二代的研发也仅仅是把开发团队由原来的 3 人扩充至 5 人。在《神庙逃亡》系列作品风靡全球之后，它成了手游行业"小团队，大品牌"的一个著名案例。

与重度 RPG 和冒险游戏圈子内行业巨鳄占领大半江山的现状不同，轻量级休闲游戏是手游行业新鲜血液的源头，百花齐放百家争鸣的趋势愈见明显，给予了一些无甚根基、资金稀薄且经验尚浅的创业者们无限希望。

当然，以上的划分仅指手游市场上的普遍现象，由于技术门槛的降低，创业团队的增多，风格化趋势的流行，也常常有一些"不按常理出牌"之作跃跃欲试希望与"行业大佬"们的大制作一争高下。如果计划得当、深谙取舍之道、设计新巧有趣，我们也可以用数万元成本研发一款单机 RPG 或规模稍大的冒险游戏来。

在手游行业，虽然无数烧钱游戏取得了成功，然而不是只有烧钱才是成功之道，在前文我已经举过很多例子说明这个道理。

不论如何，对自己的产品有一个**清楚的认识**，是不至于让我们的团队陷入资金旋涡的第一步。

2．研发资金评估之二：人员组成

对一个创业团队来说，在项目研发初期和项目研发后期，团队中的人员组成很可能有所不同。作为一名创业者或是一个团队的负责人，我们应当对**团队的构成**做一个初步规划，因为**人力成本是一个游戏项目在研发中最重要的组成部分**。

在前文中，我们已经对游戏类别有了一个初步的认知，根据这些游戏类别的不同和游戏产品的**侧重点不同**，一个手游创业团队的人员组成也会有所不同。你的产品亮点是技术还是美术？是声效还是剧本？

我们需要把团队所需的人才列出清单。

我需要 ____ 个程序，团队所在地的游戏程序员平均收入为 ____ 元／月，我能支付的工资是 ____ 元／月；我需要 ____ 个美术，团队所在地的游戏美术平均收入为 ____ 元／月，我能支付的工资是 ____ 元／月；我需要 ____ 个策划，团队所在地的游戏策划平均收入为 ____ 元／月，我能支付的工资是 ____ 元／月；我需要 ____ 个测试，团队所在地的测试人员平均收入为 ____ 元／月，我

能支付的工资是 ____ 元 / 月……这款游戏的开发预计耗 ____ 个月。

事实上，在创业团队中，一名成员身兼数职的情况也颇为常见，因此，具体需要的人数还要结合自身的实际情况而定。

一份由《2014 年 Q1 中国游戏行业薪资报告》提供的数据可作为参考，游戏行业人群主要聚集地北上广三地的平均薪资为：技术研发 12000 元，策划 8500 元，美术 9500 元。

3．研发资金评估之三：外包团队

外包是手游创业中的"重头戏"。在本章开篇讲述的第二个故事里，故事中的研发团队利用美术外包上的价格差把投资人骗得团团转。

有一种说法是，**美术外包**和**声效外包**是一个手游团队中的

固定支出

，它的浮动只与手游项目相关，因此，一旦确定了游戏类别和游戏风格，其成本的可估算性要大于团队中的人力成本。

按照知名的天使投资人麦涛的说法：

在一个预算为 300 万元的手游项目内，很可能会有 50 万到 100 万元用来做美术外包。

事实上，有许多实力雄厚的大型手游团队也在使用外包完成项目。以网易出品的《梦幻西游》手游为例，其美术工作量之大已经超过了 12000 人 / 日。因此，除了网易内部的美术人员之外，网易也动用了大量的外包资源。

那么美术外包的价格究竟是怎样的呢？

在国内，手游市场的美术外包主要分为两种计费方式：

其一，按工时计费；

其二，按件计费。

我相信这两种大家都很容易理解，按工时计费，即根据外包

美术团队每人每日的薪资计算，乘以所需人数和工期就是开销。以 2D 美术原画为例，这个价位在 300 ～ 1000 元一天。一位曾开过游戏美术外包工作室的朋友介绍：其下线 300 元无疑已经是业内的超低价格了，一般而言愿意接受这种价位的外包人员，往往都是不知名的个体。而对一些口碑不错的工作室而言，日薪的起步价往往在 600 元以上。

　　相比较按工时计费，按件计费更加一目了然。在经过调研之后，我针对 2D 美术原画外包报价总结了一份报价单，如下表。

	种类	工作日	报价（元）
2D 人物原画	主角	2 ～ 5	2000 ～ 3000
	NPC（人物）	2 ～ 5	1000 左右
	怪物	2 ～ 5	1200 左右
	头像	1 ～ 3	800 左右
	宣传	7 ～ 14	3000 ～ 5000
2D 场景原画	场景原画	3 ～ 5	1500 ～ 2000
	登陆界面原画	10	4000 ～ 6000

　　当然，这份报价表只是一个平均值，不能一概而论，对一些手游大制作，诸如一部分以美术作为其产品主打特点的卡牌游戏项目而言，一张日式或欧美写实类的卡牌设计绘制的价格有时甚至能高达 6000 元左右。

　　至于 3D 方面，如制作精度高、工序烦琐的次世代模型的价格往往在 8000 ～ 15000 元，如果找到一些国外的优秀团队，甚至几万元都属正常范围。

　　也许读到此处已经足够让我们大叹"烧钱"，然而在手游行业，如上所述绝称不上"大手笔"，以堆金积玉之财富完成一款手游研发的例子与小成本作品一样不胜枚举。

　　很应景的一个例子是由博瑞游戏研发的，在 2015 年亮相的

重量级手游产品之一的《加冕为王》，在原画曝光之初便以其华丽的画风吸引了诸多目光。

据其研发厂商称，他们为每一张角色原画设计都支付了 5 万元的天价，聘请国内外一流的"90 后"青年画师完成创作，并且采用了高精度 3D 建模再转换为 2D 的操作方法。虽然依旧有营销之嫌，但也确实**揭露了游戏美术外包价格方面"上不封顶"的现状。**

▲《加冕为王》角色原画设计之张辽

▲《加冕为王》角色原画设计之典韦

▲
《加冕为王》角色原画设计之司马懿

与美术外包相比，音乐外包可算得上是"物美价廉"了，以业内比较知名的音乐外包工作室小旭音乐为例，其负责人卢小旭曾在采访中坦言：

"如果一款游戏的研发成本为 500 万元，那么音乐外包往往仅占不到 1%，也就是不到 5 万元。"

4. 其他费用

提及其他费用，难免要落入"柴米油盐"的俗套，可一款曼妙的手游作品所呈现出来的**"琴棋书画诗酒花"**，往往就是建立在这些**"柴米油盐酱醋茶"**的基础之上的。

在这里，我要指的就是房租和水电费，当然还有其他办公设施和测试设备。事实上和前面几项比起来，这一部分的开销是最容易精确计算的。房租和水电费稍费工夫便能打听得八九不离十，办公桌椅和所需的计算机、数位板可根据人头儿按需购买，至于测试设备，无非几台 iOS 设备和一两台安卓设备足矣。

三、拿什么吸引你，雪中送炭的投资人

在大多数时候，我们都喜欢玩"规划"游戏：手持笔杆龙飞凤舞，笔底一片大好江山，落在纸上则都是账单。

实则每做一次研发资金预算，就是在给自己开出一份账单，当我们已经可以根据游戏类别推算出某一款手游项目除去推广费用之外的主要开支，就必须去想：

我们如何支付这份账单？

这便是我们在本章伊始急于思考的问题：

钱从哪里来？

在这个环节，有一部分家底丰厚或项目所需资金并不夸张的开发者走向了**"独立"**（也就是我们一贯常说的独立开发），创立了自己的独立游戏团队或者成了一名勇敢的独立游戏人；而更多的创业者和团队则选择了另一条常有人走的道路：**寻找投资人**。

说到投资，我就不得不在此介绍一些基本概念。

1．与投资有关的那些词儿

投资领域常见的三个词分别是：**天使投资、风险投资和 PE**，这三者分别是什么意思呢？

天使投资（Angels Invest）

天使投资指的是**个人出资**协助具有专门技术或独特概念而缺少自有资金的创业家进行创业，并承担创业中的**高风险**和享受创业成功后的**高收益**。或者说是自由投资者或非正式风险投资机构对原创项目构思或小型初创企业进行的一次性的前期投资，属于风险投资的一种形式。而天使投资人（Angels）通常是指投资于非常年轻的公司以帮助这些公司迅速启动的投资人。

在此，我们习惯性沿用国外那个流行很广的说法：天使投资人就是 3 "F"：

家人（Family）、**朋友**（Friends）和**傻瓜**（Fools）。

至于为什么这样形容，《美国企业家评估》所提供的一项数据可以说明一定问题：在美国初创企业每年获得的天使投资中，92% 来自家人和朋友，来自外部商业天使投资人的比例只有 8%。

风险投资（Venture Capital）

风险投资指由**职业金融家**投入到新兴的、迅速发展的、有巨大竞争力的企业中的一种权益资本，是以高科技与知识为基础，生产与经营技术密集的创新产品或服务的投资。风险投资在创业企业发展初期投入风险资本，待其发育相对成熟后，通过市场退出机制将所投入的资本由股权形态转化为资金形态，以收回投资。风险投资的运作过程分为**融资过程**、**投资过程**、**退出过程**。

PE（Private Equity）

PE 指的是通过**私募形式**对非上市企业进行的权益性投资，在交易实施过程中附带考虑了将来的退出机制，即通过上市、并购或管理层回购等方式，出售持股获利。广义上的 PE 对处于种子期、初创期、发展期、扩展期、成熟期等各个时期的企业进行投资。

常有人试图对天使投资、风险投资和 PE 进行区分，实则只

要有心，随便上网一查便能找到业界前辈们精心撰写的详尽解释，故而我在此不费笔墨赘述，只将其总结成几句口诀分享给大家。

天使、风投本一家，风险投资数目大。

天使投资金额小，企业选择凭喜好。

PE、VC 形相似，规模理念神相异。

创业前期找 VC，企业后期看 PE。

事实上，在 App 和手机游戏的领域，我们从同行口中听到最多的却不是什么"天使投资""VC"和"PE"的辩证法，而是"**天使投资**""**A 轮**""**B 轮**"甚至"**C 轮**"之间的关系。

常有人问我这些"ABC"之间是怎么区分的？

实则这个问题更简单。我们一般将寻找天使投资的企业阶段描述为"**种子期**"，而在"种子"的成长过程中常常也是障碍丛生，在这个时候企业需要继续寻找一轮或数轮风险投资，这便有了"A 轮"，"A 轮"之后则是"B 轮""C 轮"甚至更多。

故而"ABC"只是为了依照先来后到的顺序给出的用以区分顺序的名字罢了，它可以是"ABC"，可以是"一二三"，也可以是"甲乙丙"，并没有什么其他的深层含义。

2．众里寻他千百度

缺乏自信力又迷信于"他信力"的创业者凡事喜欢花费颇多时间在网络上提问：

"我需要 500 万元，该如何拿到投资？"

"投资人？我在哪里才能找到投资人？"

实则这样的提问有些类似我曾见过的一名拖稿已久的作者一边挣扎于 deadline 之上，一边在论坛发一篇"声泪俱下""悲愤交加"的求助帖：

怎样才能在一天之内完成 5 万字？

我们先不去分析"一天完成 5 万字"的可行性，如果一位作者真的面对这样的窘境，那么最行之有效的方法是：

把他发帖的精力用在完成稿件上，把他发帖的文字用于填补 5 万字的空缺上。

同理，需要 500 万元的人若有精力花费大半个月的时间向各种人寻求答案，即便是外出打工，那么他离 500 万元也总是会近了几千元。

至于寻找投资人的朋友，我常常见到他们所发表的求助之下已经出现了中肯的答案，可求助者的回复往往是："不行吧，很难的，不实际……"

事实上，想找到真正的投资人，真的没有那么困难。

例如，我曾经通过社交网站直接联络到一些知名的投资人，有的时候，我甚至还在一些投资人所撰写的行业文章底部找到了他们的联系方式。

言而总之：

广泛的阅读和对行业的深入对创业者来说百利而无一害。

另一种更为通用的途径是：

参加行业内的聚会或朋友介绍。

如果你有许多业内好友，相信他们那里会有相当不错的资源可以介绍给你。

当然，一些知名的创投机构是个不错的选择，事实上，有许

多诸如**天使湾创投基金**的机构都在鼓励创业者通过他们的网站在线填写申请表格。

而以色列创业公司 SOOMLA（一家为移动游戏提供应用内消费方案的公司）的联合创始人、CEO Yaniv Nizan 用其自己的经历给了创业者们宝贵的建议：

"我在一些非同寻常的情况中找到了潜在投资者，例如，求职面试时、在游泳池里游泳时，甚至是送女儿去幼儿园的时候。有时候，风投家把我引荐给一位天使时，我发现此前已经见过他，可那时我根本不知道他也是一位天使投资人。"

Yaniv Nizan 的观点很简单：**天使投资人大多都很低调，并且鲜为人知**，因为除了作为天使，他们往往还有一份其他的全职工作。

事实也的确如此，我到现在也很难形容当我听闻我的前任老板提出可以给我们投资之时是怎样的心情。

最后，Yaniv Nizan 还给出了一条十分重要的忠告：

在资金到账前不要停止寻找下一位投资人的脚步。

3．投资人和投资点

我们从上一章就在审视自己的点子，我们为了这个小小的点子的诞生绞尽脑汁、前思后想、辗转反侧，又以开发者和用户的角度用一大套有些教条模式化的规则和标准评判它们。实则面对投资人，我们所要接受的不过是又一轮的检视，那便是：

"实打实"的**商业价值**。

想要了解我们的点子在投资人眼中是否具有商业价值，就有必要了解投资人的视野，想了解投资人的视野，就一定要用他们的眼光看待问题。

一个可以被用来"审问"自己的很好的问题是：

"如果我是投资人，我会给手游领域里什么样的项目投资？"

经纬创投的一名投资人说：我已经很久没有投游戏公司了。

启明创投的一名投资人说：移动游戏只有跑出来的第一梯队才有机会，后面的已经没有机会了。

圈内知名投资人麦涛说：手游市场还是可以乱中求稳找到投资点的，例如美术外包团队、猎头公司、游戏媒体、游戏广告公司、游戏发行、电视游戏……

实则他们说得都有道理，手游市场一向风云变幻，创业者蠢蠢欲动、竞争者层出不穷，**高风险和高风险背后对应的"颗粒无收"的可能性**，再加上点**市场愈渐饱和的"时运不济"**，注定了大批创业团队的"命途多舛"，投资者望而却步也是人之常情。

而至于手游圈子内的美术外包团队和猎头公司等，则又另当别论。

我们在前文中已经介绍过，美术外包是手游创业中的"重头戏"，事实上，大多数的游戏公司都会在项目研发之初便把美术外包费用计算在内，换而言之，美术外包是"变幻莫测"的手游行业中"固若磐石"的一个领域，在这个领域中寻找投资机会，无疑降低了风险。

至于猎头公司，我们同样在前文中把人力成本作为重中之重

介绍，毕竟小到一个初创团队，大到一家上市公司，都是由人组成的。特别在时下热门的手游行业，人员流动率大的初创公司数不胜数，招人难和留人难是它们遇到的最普遍问题，面对这样的情况，投资猎头公司，又怎么会没有取胜的把握呢？

那么做手游内容的研发，是不是就注定无法获得投资呢？

事实上，我们也不必太过悲观。

因为投资手游研发的"**高风险**"在很多时候会带来"**高回报**"。即便是在"时运不济"的今天，也依旧有类似莉莉丝游戏及其作品**《刀塔传奇》**由一个创业团队研发和一款创业产品到如今日进斗金红遍大江南北的创业神话。

正如我们常说的，手游行业从不缺乏神话。

同样的，**有神话出没的土地，总不会缺乏"掘金者"。**

投资人的言论让我们明白他们在高风险领域中对"**稳**"的追求，因此，我们可以通过许多努力"**险中求稳**"，把产品和团队打造得更为"**靠谱**"。一个行之有效的方法是：

把精心策划的点子制作成 demo，选择市面上成功手游的成熟系统结构作为依托，并将市面上已有的同类成功产品作为参考系提供给投资人，在充满了"玄幻"色彩的创意行业，有据可查总好过无理可依。

而另一个完全在我们能力所及范围之内的做法是：

保持团队的专注和热情，毕竟，这才是产品的基石。

4."挑团队"还是"看产品"

常在一些有关成功学和口才训练教程上看到诸如这样的句子："× 分钟帮你搞定投资人。"

读到这样的句子，恐怕真正的投资人会哭笑不得：原来投资人是要这样用几分钟去"搞"的。

事实上，在手游行业里更为常见的另一种情况是，几个年轻人一边怀揣着凌云壮志历尽"千辛万苦"寻求融资，一边积极在各大论坛发问：

"我的团队有 × 个人，× 个程序，× 个美术，我担任策划，我们正在研发一款手游，请问该如何在谈判中获胜，说服投资人？"

说服投资人，这听上去似乎很重要，好像想获得投资就必离不开巧舌如簧。而创新工场资深投资经理高晓虎如是说：

"我看早期项目的时候，并不会考虑什么谈判优势，只会考虑**产品**和**人**。"

诚然，与"谈判优势"之流的"无稽之谈"相比，产品和人，或者说产品和团队更理所当然应该成为投资人眼中的重中之重。那么对于产品和团队而言，这两者之间，哪一个更重要呢？

我认为专注于互联网早期创业的天使湾创投基金面向申请投资者所给出的"**创业投资二十问**"很有启发意义，我在这里选取其中前 10 个问题与大家分享，说不定我们能找到答案（以下 10 个问题来自天使湾创投）。

问题一：请提供每个核心团队成员（用空行隔开）的姓名、手机号、微信、电子邮箱、出生年月、籍贯、毕业学校、工作履历、在团队中担任的职责（必须详细）。若有博客、微博、Twitter、知乎、Quora、Github、Stackoverflow，请提供 URL 链接。若有值得一提的奖励，或特别成就，不妨也让我们吃惊一下。

问题二：团队成员是否主导或参与过一个或多个互联网产品（无论成败）？若有请提供产品介绍、产品链接及团队成员在其中担任的角色。

问题三：你们几个创始人怎么认识的，认识多久，彼此之间什么关系，有否一起合作开发过项目，你们各自的成长经历及家庭背景是怎么样的？

问题四：说说你们的项目。包括，你们做什么事情，你们想要解决什么重大的需求，你们怎么解决的，你们为什么选择做这件事？

问题五：请举例你们产品最常见或典型的一个或几个应用场景。

问题六：是否已有上线的产品或 demo 原型？若有请提供我们可访问的 URL 或下载地址。

问题七：国内外有哪些同类网站，你们借鉴了哪些产品？跟竞争对手最大的差别在哪里，你们为什么可以做得更好？

问题八：项目的市场容量有多大，依据是什么？项目怎么赚钱，未来可预期的商业模式是什么？有没有政策风险？

问题九：你们手中有什么特别的资源来促进和支持该项目？

问题十：创始人中谁无法做到全职，为什么无法全职？若有人兼职，其可承诺的投入程度是怎么样的？

后面的 10 个问题大多是有关股份比例和资金问题，因而在此略去。我们若是仔细将如上 10 个题目回答一番便不难发现，天使湾创投对于创业团队核心成员的关心程度几乎到达了"家里几亩地、地里几头牛"的琐碎程度，从成长背景到工作履历询问得事无巨细，其次最关心的，则是：

核心成员的项目经验和投入程度。

而对项目的调查虽然范围广，但深度浅，若是创业团队无法提供 demo 原型，似乎以上问题只能使投资方对创业团队的项目方案有一个粗略了解。

　　事实情况是有许多投资人的思路与天使湾创投不谋而合。Google 天使轮投资人 Ron Conway 如是说：

　　"我在见到创业者时脑海中闪过的第一个念头常常是，**他是个出色的领导者吗？他对自己的产品怀有足够的热情吗**？继而我会评估对方的沟通能力，因为创始人每天避免不了和各类人等沟通，他需要引领整个团队；接着，我希望创业者可以精练地概括出产品的核心，让投资方能够对产品进行迅速的判断；最后，我希望创业者没有拖延症，没有执行力就没有一切。以上，是常常使我们决定是否投资这家企业的因素所在。"

　　"**以人为本**"的概念，在投资圈内似乎被"发扬"到了极致，在手游投资的圈子里尤甚。为什么？有了本章伊始的例子，我们可以知道，在手游流量方面的作假只要稍加用心，什么流水数据做起来都"易如反掌"，投资人并不是"火眼金睛"，与其耗费精力辨别数据的真伪，还不如实打实地对研发团队进行考察；当然这只是其中一个原因，另一个原因是本书开篇提及的手游有别于传统端游的特性，单靠一款手游产品的优劣去判断是否应当投资整个团队是靠不住的。

　　举一个例子，2013 年我和我的团队研发的一款手游**《清宫 Q 传》**一度幸运地攀上过 AppStore 付费总榜前 15 名，甚至持续了数月之久。在为期不短的日子里，我们有了一部分尚可维持生计的收入，周遭的业界好友纷纷前来祝贺。

　　然而好景不长，《清宫 Q 传》的生命周期很快走向尽头，我们因此又过上了"朝不保夕"的生活。此时有业外好友发声："要怪就怪你们不会规划，没有拿这些钱好好计划一下做些大动作。"

我只能苦笑着对她解释手游行业里"今朝暴发户明日流浪汉"的普遍现象，《清宫 Q 传》纵然有其成功之处，可也存在着许多设计上的硬伤，非一朝一夕所能扭转局面，走向没落是必然结果，而彼时我们的经验尚浅，新游戏也尚未开发完成，无法及时顶替上来。

手机游戏的生命周期之短永远是开发者心中难以言说的痛处，对于许多创业团队来说，一两款成功的轻量级手游大多时候也是不足以支撑起大局的，在这种背景下，**要投资人通过判断单款产品是否靠谱来决定是否对一个手游团队进行投资，无异于痴人说梦。**

5. "优势明显"还是"没有短板"

短板理论被称为**"木桶原理"**或**"木桶效应"**，说的是一只水桶能装多少水取决于它最短的那块木板。

中国讲究中庸之道，正所谓**"中不偏，庸不易"**，做人需要保持中正平和，如果失去中正平和，则一定是喜怒哀乐太过。中庸之道说的是"修心"，在某些层面上，和"木桶效应"有异曲同工之处。实则奉行着中庸之道的老一辈却往往忽略了一件事，那便是以"中正平和"准则作为为人之道，便一定意味着个性的妥协和缺失。

在创意行业，个性的缺失是致命的。这就是为什么我们常常在手游创业圈中看见这样一种现象：

> 靠谱的人组成的靠谱团队，却未必做得出靠谱的产品。

因为做产品和做人是一样的，如果"千人一面"，那么就没有什么是不可替代的。

网景创始人、Facebook 董事会成员 Marc Andreessen 曾以投资人的身份说过这样一段话，可谓直白精辟：

"在优势鲜明和没有短板之间，我们往往更愿意选择前者。 投资领域有着一套评判优秀企业的清单，例如创始人该怎样、创意该怎样、产品该怎样……然而那些看似完全满足这些条件的企业最后都表现平平。究其原因，就是因为他们没有自己独特的优势，无法把自己与其他公司区分开来。反之，有些公司既有过人的长处，也有重大的弱点，**我们愿意容忍弱点、承担风险，因为这些公司往往是最后的大赢家。"**

6. 投资人，不是投资"神"

2014 年手游创业圈曾传出这样一件趣闻为人所津津乐道。

一名圈内知名的投资人收到了一份商业企划 PPT，其中有这样一段文字：

"我们打算成立一家游戏公司，需要约 300 万元人民币以供公司一年至两年的运营，期间将推出两至三款手机网游，一至三款单机游戏。目前的规划是团队占有 100% 股份，游戏营收后与资方五五分成，当资方获利超出投资的 3 倍后，分成协议将自动解除。请原谅我们的野心，这也是实力的象征之一。"

也许读完以上内容，我们会不约而同地会心一笑，因为稳赚不赔、空手套白狼的买卖谁都想做。可在把算盘打得噼啪乱响的时候，我们是否应该反问自己：

▎投资人是一群怎样的人？他们要什么？

有的人"迷信"天使投资，毕竟曾几何时北京某咖啡馆内一

个小伙子依靠一个"水军公司"的创意拿到天使投资的神话还在流行。

有的人相信投资人等同于从天而降的天使，有取之不尽的财富和千锤百炼的慧眼，只要你有才华和自信，那这些"天使们"便会向你无限妥协，救人于危难之时，身退于功成之日。

然而越来越多的创业者"已经"也"应该"意识到：

投资领域从没出现过真正的"天使"。

投资人，**不是投资"神"**。

神是无私的，扶危济困仗义疏财不在话下；投资人是功利的，"见钱眼开"沾惹铜臭天经地义。当然，我说的话并无丝毫贬义，因为即便换成任何一个人，也不会不考虑盈利便投资一个项目。换而言之：

一个投资人会因为**分红**而参与一个项目，

而其合理的退出，应当是**收购**和**上市**。

神是不会犯错的，投资人是常犯错的。"前知五百年后知五百载"只属于**神话**而非"**人话**"，否则就不会有本章开始时"研发团队虚构数据携款私逃"的桥段。

如果你曾看过硅谷孵化器 Y Combinator 的主席 Sam Altman 联合斯坦福大学开设的创业课，那么可能会对其中 Facebook 董事会成员 Marc Andreessen 所说的一段话有些印象：

"投资是一个很极端的游戏，在每年四千家寻求投资的企业当中，大概只有 200 家能获得第一梯队的风投，这其中又只有 15 家最终能创造出上亿美金的收入。风投公司 95% 的收入就是由这些企业贡献。"

显而易见，投资便意味着：**要么回报丰厚，要么颗粒无收**。

投资人和创业者一样，都需要无时无刻不小心应对着定时炸弹一般随时可能突然光临的失败。

在这样的情况之下，对其中任何一方提出不切实际的要求和期待都是不可取的。

> *原谅对方犯过的"错"，接纳自己的"不完美"，一切从产品的角度出发，这才是平等沟通的基础。*

四、为什么拒绝你，"济困扶危"的投资人

创业者常会忽略一个问题，那便是我们方才讨论过的一个问题："**平等**"。

平等意味着创业者和投资人需要互相尊重。一个好的投资人面对创业者绝不会高视阔步趾高气昂，同样的，一个真诚的创业者在投资人面前也绝不该"卑躬屈膝""奴颜婢色"指望着资方"济困扶危"。

在传统行业里有人做过一个很恰当的比拟，投资方与创业者的接洽好比相亲，一来二去你情我愿方能成事，而投资方与创业者的合作好比婚姻，**权利和义务的对等、风险的共担才能让企业更好地成长。**

因此，无论是挑选贤妻良婿还是选择适合的投资方，都要慎重考虑，"**拒绝**"是创业者必须学会的技能之一。

1. "钱投意合"还是"志同道合"

我们以相亲和婚姻来比拟资方与创业者的关系，那么我们应当明白的一点是：

无论婚姻还是融资，都切不可迷信"拜金主义"。

曾经有一名专注于手游行业的投资人如是说：

"被我拒绝过的创业团队如今大多已找到了行业外的投资人，并已经开工了。"

"唯钱是从"的创业团队并非少数，然而在投资问题上，"钱投意合"的妥协常常会导致后续的种种问题。

最常见也最不幸的一种情况是：

一个没有行业资源且对手游行业仅有"这个行业赚钱"的认知的投资人凡事有着"亲力亲为"的好习惯，非但不懂装懂，且常常要"横插一杠"干涉创业团队的产品定位和研发方向。

稍好一点的情况是：

"知之为知之，不知为不知"，投资人既不懂，也不加干涉，索性放手一搏任凭创业团队自由发展，手中行业资源为零，却愿意帮助创业者张罗下一轮的融资。

而在这种因"钱投意合"草率融资的创业团队中间，极少能幸运地遇到最优秀的那一类投资人：有一定的手游行业背景，有包括人脉和经验在内的行业资源，该出手时就出手，该放手时就放手，有果断且正确的决策力，积极帮助投资者完成下一轮融资，有能力并且非常愿意帮助创业团队渡过创业过程中的诸多难关。

通常情况下，我们把这样的投资人与创业团队的合作称为是"**志同道合**"的。

所谓的"志同道合"，或者说是价值观及产品理念趋同的投资人有多么重要，最好的例子就是红极一时的动作卡牌手游——**《刀塔传奇》**的研发团队与它的发行商龙图游戏。

著名手游《刀塔传奇》

当然，代理商和投资人有所差别，可在《刀塔传奇》的研发过程中，龙图游戏给予了其团队如同前文所提及的"最优秀一类投资人"所能提供的所有帮助。

毫无疑问，第一点便是资金，在正式交谈的时候，莉莉丝游戏的负责人王信文提出先给 500 万元的版权金，再按一定比例分配收入。然而龙图游戏的 COO 王彦直则主动加码，背负着巨大的压力以远高于当时市价的 1000 万元价格买到了图龙游戏的独家代理运营权。**相互信任和相互欣赏，是导致其双赢局面的重要因素**。

非常重要的另一点是，初次见面之时，在王彦直看来，一门心思把游戏做好玩的王信文团队似乎对该款手机游戏如何盈利"并不感冒"。因此，他向王信文团队提供了数套国内外游戏的经典经济系统作为范例，并给出了自己的看法。**具备敏锐的行业眼光和掌握丰厚的行业资源同等重要**，又有谁能说《刀塔传奇》曾创

下的月流水 2.8 亿元的成绩没有王彦直的功劳呢？

也许这个时候会有人抛出这样的问题：我们怎么才能甄别出哪些投资人与我和我的创业团队是真正的"志同道合"呢？

类似投资人审视我们的团队和产品，我们也需要对他们进行审视和评判，在这个过程中，弄清楚几个问题是重中之重。

其一，投资人是否对我们在做的事情感兴趣？为什么？

了解投资人的动机比盲目收钱更为重要。

其二，投资人认为什么样的游戏是优秀产品？什么样的团队是好的创业团队？

价值观的趋同是同舟共济的基础。

其三，投资人能为我们提供的帮助有哪些？

多少资金？多少行业资源？多少技术支持？多少产品见解？每一条都很重要。

其四，投资人将会如何退出投资？请投资人列举一些他们投过的案例？

了解投资人的经验，熟悉投资人的案例。

其五，投资人投资过多少创业团队？现在在投的有多少？他们一般花费多少时间在创业企业上？

了解投资人的投入程度,计算其对你的团队的关注度。有时候,关注度十分重要，因为关注度多少的差异带来的结果很可能会导致类似一对一的小班教学与大班授课效果的天壤之别。这也是为什么有一些资深的创业者会给出这样的忠告：不是越有名气实力越雄厚的投资商就越值得"投靠"。

其六，问问自己，我们是否喜欢他？

既然投资方与创业者的合作好比婚姻，那么"两相情愿"是非常重要的先决条件。

2. 谁动了我的股权

投资人不是慈善家，这一点我们已经很清楚。一个精明的创业者拒绝一笔数额可观的投资，其"股权问题"很可能是重要原因所在。

事实上，如果我们有幸遇到了一个"志同道合""两相情愿"的投资人，那么这个问题往往可以避免，由于它的重要性和特殊性，我不得不再次把它提出来单独撰写成节。

Zenefits 联合创始人 Parker Conrad 说："大部分的投资人看中股权比例高过收购价格，所以他们有时候会说，'我不能接受占股低于 20%，我愿意支付更多的钱！'"

事实也的确如此，投资人追求利益最大化是人之常情，这也是为什么在手游行业里偶尔会出现"投资人坑创业者"的现象。比如一个投资人看好你的团队和产品，却一味压低价格，甚至采用"分期付款"的手段完成对你的投资。压迫创业者接受一些刁钻刻薄的条件在手游行业绝对是一部分投资人的惯用伎俩。诚然，我们无权去点评这种做法的对与错，可作为一名创业者，需要做的是：

有条件的妥协和有选择的坚持。

如果因为对我们的项目信心不足而全盘答应投资人的要求，这很可能会得不偿失。

股权问题就是其中之一，一部分创业者在资金雄厚的投资人面前选择了股权上的妥协，这便导致主创股份被稀释，主创热情持续减少，投资人抢占话语权。

另一种常见的情况是，起初天使投资人与团队达成共识，只占据合理范围内的股份，然而由于产品的研发时间无法预料，投资人逐渐失去信心，在产品还未发布时便以各种理由婉转推脱停止投资，与此同时却又不甘就此罢手轻易放弃。于是在这种尴尬的情境下，A投资人粉墨登场。而A投资人的进入势必带来一定数量股份的分割和转让，天使投资人是不愿意分割股份的，因而主创人员必须有所牺牲，稀释股权的情况便再一次上演。

隐患就此埋下，等待着在不可预知的某个时间点，一触即发。

那么对于一个初创团队而言，融资金额和股权比例应该怎样分配呢？

正常情况下，在"种子阶段"，一个创业团队一般会出让10%～15%的股权给天使投资人，通常不应当超过20%。有时候我们也可以将天使投资分为两轮，每轮出让份5%到10%不等，融资金额10万到50万元、50万到100万元不等。

至于A轮融资，一种说法是：融资金额1000万到2000万元人民币，占股20%。而事实上，这样的融资期待并不大适用于手游行业。

> 在"快节奏、短周期"的手游行业把一款产品的研发希望寄托于上千万元的 A 轮、B 轮和 C 轮有时候并不是最好的选择。

事实上，大多数手游产品在完成了天使轮之后，完成度已能达到 50% 甚至更多，很多团队在这个时候，便把精力集中在寻找发行商的问题上，找到发行商，就意味着产品推向市场有了"着落"。

至于这样选择的原因，从我与一位正在创业的业内好友的问答中，或许可以获悉一二。

问："拿到了天使投资后，你会把产品后续的研发费用寄希望于 1000 万元的 A 轮还是 1000 万元的代理费？"

答："若是一款应用 App，一定选择 A 轮。若是手机游戏的话，搞那么多 ABC 轮，产品早就死了。如果没钱了，还不如把产品交给发行，推出几款产品之后，若希望公司继续做大，再考虑后面几轮融资。"

五、有一种创业，叫作不融资

在前文，我们花了太多笔墨去讨论如何获得投资的问题。这难免会让一些人走入创新行业中的一个有趣的误区：

"拿不到投资便不是真正的创业。"

而行业中一个更有趣的现象是：融资金额的多少成了炫耀的资本，坚持独立研发的团队常常背上"不靠谱"的评价。

面对这样的现状，前谷歌员工、风投公司 Homebrew 的联合创始人 Hunter Walk 表示：

"风投资本并不是资助企业的唯一途径。对很多早期创业公司而言，它实际上是最糟糕的途径。创办一家创业公司不到 3 天就能完成，开发出正确产品的小团队无须融资就可以走上成功之

路，甚至能比融资者收获更多。"

在手游行业，这样的例子比比皆是。

例如，英国独立开发小组 Nyamyam 制作研发的解谜冒险类手游**《纸镜》**（*Tengami*）以其巧夺天工的设计和制作以及其深远的意境大获成功，一年内获得了 109 万美元的收入，随后，这款产品又在 PC 端平台获得了 5 万余份的销量。

▲ 独立艺术手游《纸镜》（*Tengami*）游戏场景一

▲ 独立艺术手游《纸镜》（*Tengami*）游戏场景二

另一个例子是前文花费不少篇幅介绍的由 Ustwo Games 研发的独立游戏《**纪念碑谷**》（*Monument Valley*）。Ustwo 团队的 8 名成员花费 55 个星期研发了该产品的 1.0 版本，成本约为 85.2 万美元，折合人民币 527.8 万元，其收入却超过了 600 万美元之多，折合人民币 3629 万元。

即便是在独立游戏生存环境稍差的国内，在 2013 年也出现了诸如红极一时的轻量级手机游戏《**找你妹**》这样的作品，创下了单款轻度游戏收入过千万的优秀纪录。

▲
热门游戏《找你妹》

无数优秀的独立游戏证明了 Hunter Walk 的观点。试想一下：

如果有一家人数不多却不断盈利的公司，企业价值达数千万乃至上亿元，且 90% 的股份属于创始人，我们能说这样的企业是不成功的吗？

事实上，对于一个没能拿到投资的团队来说，从独立制作人开始未尝不是一个好的选择。

因为融资绝不该是救命稻草，当它成为一种**"锦上添花"**的手段的时候，往往比**"雪中送炭"**之时更能让一个企业及一个创业者有所收获。

恰如马云所说：

"阳光灿烂修屋顶，不能等下雨才修。"

六、花钱守则与省钱准则

原本这一小节的题目打算起作"如何省钱"，可思来想去，又觉得有相当一部分创业团队就是由于太懂得"省钱之道"，反而给自己的创业之路带来了诸多困扰。索性将主题从"如何省钱"变为了"花钱守则与省钱准则"。

钱者，从金从戋，指的是用于物资交换的器物。

想知道"钱"该怎么用，就必须知道：

在手游行业的创业过程中，有哪些"物资"是值得花大价钱交换的。

1. 钱，如何花

有句老话叫"钱要花在刀刃上"，换而言之，被用在"刀刃"的钱都是该花的。脑子里的财务支出清单满满当当，按照重要性做一个优先级排序，孰重孰轻孰急孰缓一目了然，这也是我给出的建议的依据所在。

其一，核心成员的利益。

无论是产品还是团队，都离不开**核心成员**，核心成员的才思输出常常能决定一个项目乃至一个企业的成败。换而言之，没有核心成员则不成团队，便更谈不上以团队的形式研发产品，除非你有能力或者愿意孤军作战。

一个用在此处相当贴切的典故便是以弱胜强的"楚汉之争"。一介凡夫俗子、市井小民如何险胜气魄盖世的西楚霸王自古为人所称道，普遍认同的一点是，前者所依靠的正是所谓的"核心成员"。

在《史记·高祖本纪》中记载了刘邦这样一段话：

"夫运筹策帷帐之中，决胜于千里之外，吾不如子房；镇国家，抚百姓，给馈饷，不绝粮道，吾不如萧何；连百万之军，战必胜，攻必取，吾不如韩信。此三者，皆人杰也，吾能用之，此吾所以取天下者也。"

这个颇似高考作文素材的例子听上去多少有些"教条化"了，然而它确实称得上是核心成员重要性体现的一个非常典型的案例。

既然重要，那么就必在每一次"取舍"之时将其摆在考虑的前列。

例如，一个手游行业中最常见的"取舍"难题便是：

把钱投向吞金如貔貅、只进不出贪得无厌的市场，还是投向兢兢业业愿意加入我们的创业团队、从此随我们一起过上了朝不保夕生活的员工？

我对这问题的描述难以自持地带了些感情色彩，但同时我也相信，大家心里早有答案。

切实为核心成员着想，就意味着我们要**换位思考**：

在创始人赚得盆满钵满的时候，他们能得到什么？

当然，一种最直接的回馈方式就是：**薪资待遇**。

若是资金不足怎么办？答案是：**股份**。

漫长的历史中终归还是有一些在当时看来"超前"的理念得以被验证和传承，例如：

与"望梅"无法止渴一样，"画饼"也是不能充饥的，**对待自己人，要实在点**。

┃ 其二，雇用专才。

一个反面例子是，我的一位美术行业的朋友曾向我抱怨："老板要我们为正在研发的手游配音，实在有点赶鸭子上架。"

手机游戏不比工程庞大、研发过程繁复的端游，更不似电影行业那般对"专才专用"有着近乎严苛的需求。

事实上，在一个手游公司，特别是创业团队中，"一才多用"的情况十分常见。在创业团队，我们喜欢开发方面的"全栈工程师"，我们喜欢美术领域的"画风多面手"，我们也喜欢策划人员具备"文理兼修"的优秀品质，当然，如果有某位成员在音乐或配音方面有一定建树，那么这真是再好也不过了！

这是因为我们需要在较之大型企业更为"动荡不安"且"囊中羞涩"的环境下保证产品研发的顺利进行，"非生即死"的创业之路总是让我们"胆战心惊"。

然而，在"一才多用"的问题上，我们需要遵循的准则应当是：

当他 / 她有更重要的工作要做的时候，不要把任何人都能完成的任务交给他 / 她；

当他 / 她有更紧急的工作要做的时候，不要把他 / 她无法胜任的事务推给他 / 她。

"凡事亲力亲为"有时候不是一种美德，如果一个团队的核心人员每天奔波于组装和维修电脑、打扫卫生、采购物资，甚至学习法务知识……那么这一定是得不偿失的。如果找不到合适人选，临时雇用一些诸如税务、法务或者设备维修人员之类的"专才"才是性价比最高的选择。

▌ 其三，制作 demo。

实则在"研发成本评估"一部分内容里，我本想仔细谈谈 demo 的重要性，可是考虑到大小手游创业团队自身条件和研发项目类别的千差万别，便暂时按下未提，因为对越是轻度的手游产品，demo 的意义也越小，更莫提一些在"山寨"和"跟风"的策略下催生出的游戏产品了。

在这里，我们向一些所研发产品制作成本稍大、系统结构稍复杂以及产品内含有未经检验的创新点的创业团队提供这条建议：认真做好 demo，如果有必要，甚至不惜花费整体预算的 30%。

原因很简单，因为 demo 是允许失败的，我们甚至可以把它当作一次可行性验证，一旦在制作 demo 的过程中发现设计阶段中存在着一些难以弥补的重大疏漏，及时止损、停止投入，为时未晚。

虽然我们强调了 demo 的重要性，但是同时也要把控这个对 demo 付出的"**度**"。因为一旦投入过多，很可能会导致另一个不太乐观的情况，顽石互动 CEO 吴刚对这种状况如是形容：

"如果 demo 的预算超支，开发者和项目经理很可能便没有勇气砍掉这个项目了，因为每个人都会想，大钱都花了，索性把后面的小钱也花了，万一赚钱呢？万一是个好产品呢？"

还记得 Mother 公司给出的建议吗？

"一个丑陋的真理比一个华美的谎言来得强大。"

▍*其四，优化产品。*

"**优化产品不惜代价**"在大多数时候都是褒义的，在手游行业更是不例外。单单从迎合用户和市场的角度来看，用现有的资源把产品打磨到尽善尽美无疑是再正确不过的策略。毕竟我们常听玩家抱怨研发商或发行商在推广费用上的铺张浪费，却绝不会有玩家因"在研发上投入过大"而产生不满。

在优化产品的问题上，一个很普遍的投入是在外包方面。绝大多数研发商在和外包接洽上存在着误区。很多时候，我们热衷于讨价还价甚至到了锱铢必较的地步。

"创业初期，钱能省则省"并非任何时候都是至理名言。而作为一个曾替人制过图、设计过 UI 的"半吊子美术"，我很清楚在设计或者说是艺术行业里"给多少钱办多少事"的"潜规则"。

不计后果地压价只会导致两种可能性：

要么一拍两散，要么偷工减料。

而对于创业团队来说，遭遇前者好于遭遇后者。

我的一位朋友朱先生在负责一款手游的外包工作时便遇到了这个问题：

起初为自己精湛的还价技巧沾沾自喜，而当看到接包方交付的原画之后，所想所感只能用"五味杂陈"来形容。

无独有偶，即便是如今已身价数亿的莉莉丝游戏 CEO 王信文在研发《刀塔传奇》时也犯过类似的错误。最后的解决方案是：

按照还价之前的价格请外包团队重新绘制资源图，其交付的资源品质获得了极大的提升。

事实证明犯过这样的"错误"的创业者和从业人员不在少数。而唯一的解决途径便是：

做好沟通和品质监控；
一切当以游戏品质为先；
不要把目光局限在眼前的利益上。

2．钱，如何省

有个流传甚广的句子叫作"**能花就能挣**"，细细思之有一定道理。有需求自然有原动力，在现代社会，挣钱和花钱似乎已经成为一种本能的社会行为，而较之这两者，"**省钱**"似乎就成了一门学问，特别是当你面对着一份巨额账单的时候。

其一，集中的高战斗力，胜过人海战术。

综观整个创业圈，似乎"**做大**"和"**大做**"的辩证法常能引发争论。有人说"做大"是"大做"的结果，也有人说"大做"是企业始终无法"做大"的原因。

我想在这个问题上，各行有各行的道理，各行有各行的说法，自以为是妄加评论不是一个好的习惯。而在手游行业，我所见到的例子，普遍印证了后者的说法，即：

"大做"是无法"做大"的原因。

如果有谁走进手游创业圈，却还迷信着"人多好办事"的俗语，那么我推荐你去读一读 Frederick P. Brooks 所著的经典书籍《人

月神话》，相信会有所启发。

然而关于"人月"的神话我在过去所写的一些文章和书籍里提及得太多，"经验"的传承无异于前人栽树后人乘凉，传承的过程没有人能做到"无损保真"，故而我便不在此处继续"老生常谈"了。

从实际来看，在一些业外人士眼中，一个公司或者一个团队的规模能直接或间接反映出其营收状况（当然我们知道，这在手游行业是无稽之谈）。所以出于某种虚荣心的趋势，我们似乎会产生一种**错觉**，即：

团队拥有很多成员似乎是个令人骄傲的事情。

真的是这样吗？

简而答之，团队越大，团队内部的沟通成本越高，成员关系越复杂，一个**"沟通—确认—执行—纠错—改正"**的繁杂过程反复性越**高**，继而决策的执行效率都会**降低**。如果因为草率行事而招到不合适的人员，也有招致毁灭性打击的可能。因此，在一人单干和多人协作的效率估算上，我们不能简单地用"1+1=2"来表述。

暂不提是否"养得起"的问题，单从效率角度而言：

人多，未必是好事。

如火如荼的招聘带来如火如荼的扩张，如火如荼的扩张带来如火如荼的不稳定性和如火如荼的泡沫。事实上，已经有越来越多的手游研发团队意识到一个创业团队**"小而精""小而美"**的重要性。

精简的团队更利于稳定地研发和树立同舟共济的决心。

其二，欲成大事必先苦其心志。

"欲成大事"必先"苦其心志"，听上去多少有点传播"成功学"的意味。然而对一个创业团队而言，"艰苦朴素"无疑是一种美德。

如果我们为了使自己约见投资人而购买了一身昂贵的"装备"以彰显自己的"职业风范"；如果我们为了打造一个看上去格调不俗的办公空间不停砸钱；如果我们为了某种"挑剔的眼光"和对新潮设备的热爱而购买了成批走在时代潮流尖端的"劳动工具"；那么我们很可能在创业之初就面临破产。

实则所有的难题都能找到解决方案，所有的昂贵开支也大多都能找到物美价廉的代替品。

以手游研发中必不可少的测试设备为例，我见过 iPad、iPhone 各个型号完备齐全的"奢侈团队"，也见过缺此少彼依靠征用团队成员乃至成员家属的常用设备完成测试需求的"贫困团队"。在这个问题上，我们的解决方案是：

购买品质中档的二手产品，甚至对于一些使用频率并不高的高档设备也采取**租赁**的方式。

总而言之：

"出手阔绰"绝不是成功的预兆，反而是失败的前奏。

其三，在什么阶段，做什么事。

在一位朋友创业初期，我前往其公司拜访，进门时便与一小伙子撞了满怀，后来才知道，他是团队中的运营人员。

彼时其团队研发的手游产品尚处在"点子"的策划阶段，办公室内一目望去呈"欣欣向荣"的态势，而运营人员百无聊赖，

于是与我"高谈阔论"成了他打发时间的方式之一:

"如果把你们之前做的产品给我,保证我能推到 ×××、×××、×××(几个手游平台的名字)的前几名。"

"我知道好像你们那个《清宫 Q 传》上了 AppStore 付费榜前几名?花多少钱刷的?这年头不花钱能上榜?"

事实上整个交谈过程还算愉快,市面上畅销的手游和经典的行业创业案例都成了我们的谈资,然而兴尽归来我不得不反思:

对一个初创团队而言,过早雇用运营、市场及其他支持人员是否等同于增加不必要的开支?

实则对于市场和运营人员的问题在创业圈内常常被人探讨,一种比较中肯的说法是:

在研发阶段,**能不想市场就别想市场,能不想营销就别想营销;**

始终谨记,产品是王道。

其四,几个项目同时进行不适合创业团队。

众所周知,研发一款成功的产品很难,那么同时研发两款呢?三款呢?四款呢?我们通过研发产品向市场抛出了无数亟待验证的问题,然而"题海战术"是否能得到真理,"撒网捕鱼"的策略是否能够奏效,这本身就是一个更大的问题。

手游行业是创意行业,创意行业就意味着对于以往的成功经验若是过于借鉴便会落入"山寨"的俗套,因此,在试图验证一款产品能否取得成功的同时再进行第二、第三款产品的设计和研发,很可能意味着"不重样"的研发和"新模式"的开拓。这对我们而言无疑是极大的挑战,在这个过程中我们不但要面临精力的分散，还要面对研发开支的增长，我们最优质的人力和财力资源无法集中在一款产品上，很可能还会带来产品质量的下滑，继而带来多个项目的"全盘皆输"。

对一些创业团队而言：

如何抓紧正在研发的产品，将其变为优秀产品，再依靠它反哺未来的产品，才是我们应当考虑的问题。

第四章

团队博弈

　　我们常把创业比作博弈。狭义来说，博弈指的是下棋，是一个没有硝烟的战场、是棋盘上暗含杀机的横纵交错和看不见的金戈铁马；广义来讲，博弈便是在某一系列特定的规则下，几个拥有绝对理性思维的人或团队通过实施其策略而从中获益的过程。因此谈到博弈，其中最为关键的灵魂要素便是人，若是放在手游行业里详而叙之，毫无疑问，这个灵魂要素就是我们的开发团队。从创业的最本质来看，对有限的市场资源的抢夺的实质，就是团队的博弈。

一、什么是团队

关于"团队"二字有一个很有趣的解释：

从字形上看，"团"即口才，"队"即人耳，"团队"也就是一个"出口成章"的人才对着一些善于聆听者说话。

另一个更"官方"的解释这样表述：

"一个团队由少量的人组织，这些人具有互补的技能，对共同目的、绩效目标及方法做出承诺并彼此负责。"

实则在手游领域里，这两种说法都很贴切。

我们在前文中将一个团队中的话语权组成以"三个和尚没水吃"的典故做过一个比拟，为了保证游戏的"独创性"而确保只由一个人做决定，这符合有关团队的第一种解释。

而在创意行业，只有思维的碰撞才能迸发灵感的火花，在"头脑风暴"每天亿万次爆发的游戏行业更为如是，**我们需要一位决策者，但我们需要更多的发声者**，这些发声者来自不同的"世界"：科技、艺术，甚至文学；在手机游戏的领域里，他们被称作程序、美术、策划……他们构成了一个拥有着共同目标和共同动力的群体，他们是一个手游团队的灵魂所在。这满足了有关团队的第二种解释。

二、他们，手游团队的灵魂

程序、美术、策划。

凡是对游戏行业稍有了解的朋友，想必对这三个职位都不会陌生。为了使概念和职责更加清晰，我需要在此对这个促成了一款手游产品成功研发的"三要素"做一个简要的介绍。

1．策划——项目的驱策者，玩法的刻画者

策划是做什么的？

我们曾取过《后汉书》中的解释，即：

> "策"为计谋；"划"为谋划。

事实上，若是依照《说文解字》究其字面本意，会有另一番解释，即：

> "策"为马鞭，"划"为刻画。

很多人批判国外的游戏设计师后缀还能落得个"设计师"的美名，而国内的游戏设计师只能被"贬"为"策划"。然而在我看来，是中国的"策划"二字更将这个职位的职责描摹清楚，依照《说文解字》的说法，我们便可以这样理解游戏策划的职责：

> 雕琢游戏玩法，驱策项目前进。

中国文化博大精深，"策划"二字可谓词美而精练，足以概括其义。

若是具体来讲，其主要工作包括却不限于：

构筑游戏世界观、编写游戏背景故事、制定游戏玩法规则、刻画游戏交互环节、设计游戏数值公式，以及运筹帷幄、掌控整个游戏世界的一切细节，在将游戏推入市场时候，依旧能决胜千里之外。

通常情况下，为了避免"三个和尚没水吃"的局面，我们会配备一名**主策划**，他将负责与程序、美术两大手游的主要组成部分进行协调和沟通，并参与项目进度的安排。

其他策划人员根据其工作内容的不同，可以分为这样几类：**关卡策划、数值策划、系统策划、剧情策划**。通过名称我们就不难判断出每一个职位的主要职责。

例如，关卡策划，顾名思义，需要对游戏内每一个关卡环节做出具体的设计。一个优秀的关卡策划常常需要掌握一些绘图工具，借此完成对关卡的形态的准确描摹。

也许这听上去有些复杂，其实有时候，关卡的设计并非需要汗牛充栋的理论来堆砌，对于一个小型的创业团队而言，把设计初衷讲清楚就足够了。在我和我的团队研发的第一款手游**《爬爬喵》**（*Kitty's journey*）和第二款手游**《喵喵拖线线》**（*Uncross the lines*）中，我一共做过近 200 个谜题关卡的设计。当然这种设计比较简单，对于一个关卡策划所要掌握的技能和知识储备而言，可能仅仅是沧海一粟，但这些设计图想必也能帮助一些对关卡策划这个职位尚不了解的读者向这个领域迈进一步。

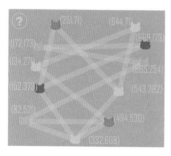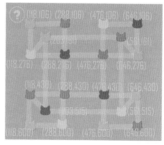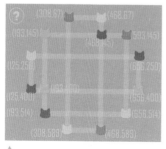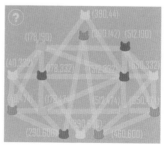

▲《喵喵拖线线》（*Uncross the lines*）关卡谜题设计手稿

我们也可以再举一个数值策划或者系统策划的例子，因为有的时候，数值策划和系统策划往往可以相互兼任，它的职责是：

制定数值平衡、设计游戏中所需的数学公式、搭建整个经济系统、设计整个战斗系统等。需要频繁地与程序打交道，甚至往往还需要一定的程序功底。

了解了数值策划和关卡策划，我们就不难明白为什么在游戏行业有这样一句话广为流传："**不懂得美术的程序不是好策划。**"

若是在传统的端游领域，这句话听上去也许有"言过其实"的嫌疑，可若是放在手游行业，它成了格言警句，甚至可被当作招聘策划人员的重要参考条件之一。

我们已经说过数值策划和关卡策划常常相互兼任，可还不曾提到过，在手游行业，特别是对一个"小而精"的初创团队来说，主策划、关卡策划、数值策划、系统策划、剧情策划的重任，常常会浓缩在一两个人身上，可以说是责任重大。

2. 美术——秀色可餐尽善尽美之道

美术是做什么的？

在《说文解字》中，我们可以找到这样的解释：

美，甘，爽口，与"善"同义；术，道也。

我们因而可以对美术的职位做出这样的理解：

使产品秀色可餐尽善尽美之道。

美术组往往与策划组十分类似，有一名**主美术**，同时根据职责的不同，还有更多细分职位，常见的职位有：场景美术、原画美术、

UI（User Interface）设计、宣传美术等。

一般情况下，越是繁杂的项目，美术部门的职位划分越细致。需要在此特别一提的是，有些公司也把 UI 设计归为策划组，或者在策划组里单独开设一个名为 UI 策划的职位。由此可以见得 UI 设计与一般美术职位的差别所在。

我们简单给出一些范例来区别各个职位的差异所在。

《魔兽世界》场景美术

韩国著名网络游戏《剑灵》人物原画

▲ 手游《梦幻西游》UI 设计

▲ 《梦幻西游》宣传画

3. 程序——"积土成山，风雨兴焉"

程序是做什么的？

依旧是在《说文解字》中，我们可以找到"程"与"序"的本意：

程即程品，长度等级，十根毛发并列的宽度为一程，十程合
并为一分，十分合并为一寸；而序为东西墙，与房屋建筑相关，

后可引申为排列次序。

实则编写程序恰如建屋织绳，从无到有，由少积多，从一程到一分，从一分到一寸，从一砖一瓦到高楼大厦，如果没有它们，那么美术和策划都只能成为水月镜花。由于程序员的工作是一款手游产品研发的基础，也由于程序员因为其工作的内容使然注定只能成为"幕后工作者"，因而有一种不大尊重的说法也把他们戏称为"码农"。

事实上，与策划部门和美术部门相比，程序部分的构成要简单得多。对于一个手游团队而言，通常会划分出客户端和服务器端，如果是单机游戏便更为简单，只有客户端组。

我们把程序、策划、美术称为一个手游团队的灵魂，是因为要完成一款游戏产品，这三者相辅相成、缺一不可。

程序决定一款手游的生死；

美术影响一款手游的销量；

策划预言了一款手游的高度、深度和生命周期。

当然，在一个"五脏俱全"的手游团队里，还有一些比较重要的组成，例如，测试组。而在一个需要能精则精、能简则简的创业团队里，这些部分也往往由"三要素"们兼任了。

三、他们从哪儿来

某互联网猎头公司经过调查发现，市场上一万个想跳槽的人当中，最终流向总是符合二八法则的。其中的 80% 渴望加入薪水偏高、工作稳定的上市公司，另外的 20% 则会选择加入创业公司。

我们暂不去讨论那个被运用广泛如"黄金分割"一般的"二八

法则"中所谓"重要"和"次要"的问题，单从这个数字就可看出创业公司普遍遭遇的招聘困局。

事实上，我们也常常会在各大网络论坛中发现求助者的身影："创业公司应该如何招人？"

上豆瓣？上 Twitter？联系前同事？

对于创业公司而言，在招聘这件事上遇到的障碍可谓是"五花八门""怪事迭出"，而在铲除障碍的道路上也可称得上是"八仙过海，各显神通"。以下要讲述的三段故事，都发生在我的身边。

1. 三段故事，一般窘境

其一，他为什么离职？

我非常要好的一位朋友的上一份工作，是在天津的一家手游创业公司做程序员。而我又恰好认识那个创业团队的负责人，这件事便有了看头。

逢年过节的嘘寒问暖，再加上时不时地对游戏研发问题交流探讨，使我对他的工作状况也有了大致了解。也许是其后的交流中太过"事无巨细"地对我"全盘托出"，导致了他在离职之际给我带来了进退两难举步维艰的局面：左有业界熟人"拒不放人"，右有至交好友"心意坚决"，并且两方都希望我劝说另一边做出让步和妥协。

创业团队给出的理由是：产品即将上线之际离职难免影响团队士气，空缺一时无人填补，更辜负了我们给你的本地屈指可数的高薪待遇。

这位好友给出的理由是：团队规模不大，带给我的归属感却极小，一间公司 2/3 以上的成员互为从前同事，我作为局外人常被排除在外,体会不到应有的团队荣誉感,也得不到预期的话语权。

我思来想去,前者并没有错:辞职创业"拖家带口"地"忽悠"上了知根知底的前同事无疑是个不算愚蠢的选择;而对于**人员流失率高、人心难以稳定**的创业团队而言,团队士气的鼓舞和维持也至关重要;同时面对创业公司"招人难"的现状,即便是缺席以待的高薪职位也无法诱惑那些本就对"创业"二字反应平平的业界老手;费尽心血不惜重金"挖"来的优秀人才说走就走,团队负责人难免会有些急火攻心。

本欲劝说朋友慎重考虑,可转念一想,似乎后者也没有错:愿意冒着"朝不保夕"的危险选择创业公司,除了高薪之外无非为了几点,**自由**、**利益**和**话语权**;牺牲稳定的工作以搏实现财富自由的明天几乎是每个步入创业公司的核心成员的梦想,然而在这样的全身心投入和付出中,一旦意识到自己自始至终都是一名"局外人",想必一定会心下不快继而心灰意冷,毕竟企业家也是资本家,月流水千万元级别的成功手游最后却仅仅给核心成员发了个几万块钱的红包的事情并非没有先例,如果作为一个核心成员在团队中连归属感都找不到,又如何能相信创业团队在产品成功之后可以兑现曾许下的承诺呢?

当然,最后的结局还是"一拍两散",朋友离职,创业团队负责人悻悻而去,然而关于这种现象的思考萦绕在我脑中,挥之不散。

其二,"三顾茅庐",他如何说服程序"大牛"?

我曾在另一本书里提及过一位不愿透露真名的创业者好友——Mr.华。他在创业路上的经历可谓"惊险"与"惊喜"并存,几经坎坷、一波三折。

未免我在后文的内容上阐述不清，我愿意在此对还不知道 Mr. 华的故事的朋友将其创业路上的传奇经历做一个简要概述。

事实上，从 2013 年起，尚未毕业的 Mr. 华便与其余 3 位同学一起步入了"创业大潮"。当他的三位合伙人致力于如何经营好一家设计公司的时候，Mr. 华颇具建设性地提出一个想法："时下手游正火，我们开设个专做游戏的部门如何？"

接下来的事情便"简单粗暴"得多：Mr. 华在后来的日子里先是经历了他的游戏部门因拿不出产品而被遣散的打击，继而又遭遇了来自创业公司内部其余合伙人的信任危机。不得已，Mr. 华换了个起点重新创业，尽管这个"起点"依旧是手游，可这一次，他的起点便高得多了，因为他拥有了一个看上去很"牛"的团队，这个团队有多"牛"？Mr. 华曾在他的日志里写下这样一段内容：

"我的小伙伴们来自国内各大游戏公司，很荣幸，我能有一天把他们攒在一起。他们有的人曾经做过好莱坞动作外包，有的人曾经给《怪物猎人》（由 CAPCOM 研发的一款动作类网络游戏）做过特效，有的人曾经是'天上掉下个猪八戒'的分镜头作者，他们每一个人的简历拍出来放在桌子上，在行业里都会被分分钟抢走，每一个人都曾有过千万级月流水的产品经验，说真的，在我决定做游戏的那天，我从来都没有想过，我会有这么优秀的团队跟我一起奋斗。"

那么，对于一个"初出茅庐"的新手创业者而言，这样的核心成员是如何招募到的呢？

很巧，我曾经的一位同事 T 至今怀揣着创业梦想在 Mr. 华的团队中坚守，而我曾经的另一位同事 L 甚至曾做过 Mr. 华的创业伙伴。

事实上，这位 T 先生并不在 Mr. 华所撰写的那份令人咋舌的

"团队介绍"里,不过毋庸置疑的是他的能力水平同样十分出众。T 先生平日里沉默寡言、成熟稳重、惜字如金,任谁都没有想到,他有朝一日会辞去尚算高薪的工作,投奔一个名不见经传、连产品都没有一款的小型手游创业团队。

Mr. 华究竟是怎么做到的呢?

事实上,Mr. 华为了"挖人"所付出的精力和耐心绝非常人所能及。而这场"拉锯战"算起来竟然持续了长达四个月之久:

Mr. 华先是利用网上发帖的方式找到了 L 先生,并得知了 T 先生过硬的技术和人品,继而展开了一场游说活动。Mr. 华的"画饼诱惑"及"虚心求教"策略大约都奏了效,其间还不忘请 L 先生帮忙旁敲侧击,终于成功地与 T 先生见面,并邀请 T 先生对其创业环境进行了一番又一番的"实地考察"。在随后的几个月,T 先生终于动摇,与 Mr. 华"胜利会师"。

如果你问我其创业团队的结果如何?我只能据实相告:再一次以失败告终。

风起云涌的手游行业本就是如此的变幻莫测,何况其中还存在着我们前文提到过的一个行业内怪现象:"一个靠谱的团队未必做得出一款靠谱的产品。"然而如今,Mr. 华和 T 先生已经选择北上继续寻找机会,对他们而言,梦想一直都在。

其三,撒网捕鱼还是大海捞针?

我通过微博认识了晨,与我的名字同音不同字,因而觉得有缘。彼时他与我一样,有一个"微型"独立手游工作室,在"招兵买马"之际,他特意与我立下十天内将团队扩张到十人的赌约,继而,"招贤纳士"的大计划便正式拉开了帷幕:

一天里,他的有关于理想和情怀的创业帖子出现在了包括QQ 空间、水木社区、人人网、新浪博客,以及五花八门的网络

论坛上，做完这些工作，他自信满满地向我"汇报"进度，一副"姜太公钓鱼，愿者上钩"的模样。

两天里，他注册了20余个58同城账号，钻了每个账号每天免费看一份简历的"空子"，筛选出一批目标人选。

三天里，他完成了微信朋友圈内所有好友的"排查"工作，但凡与之讨论过创业问题的亲朋好友无一"幸免"，皆被"盘问"一番。

五天里，他约见了所有关系稍好的以前同事，以叙旧之名行招募之实，推杯换盏间竟也有些收获。

一周内，他把新浪微博的潜在资源翻了个遍，继而将豆瓣和知乎上那些热衷于创业、技术和艺术的"有志青年"查了个底朝天，从技术博客搜罗到亚马逊相关图书的书评区域，倒也搜罗了不少有效的联系方式。

十天后，他颇为得意地告诉我："有七个人打算来我们的工作室试试看，加上原来的三人，刚好十人，撒网捕鱼策略宣告成功。"

他在招聘方面付出的努力谁也无法抹杀，好吧，那么我愿赌服输。

半个月后，他却告诉我："有五人因为个人问题已经离开团队。"我们相视苦笑，看来我又扳回一局。

这三段故事便是：

> **三顾茅庐唇舌尽费初生牛犊不怕虎，高薪"悬赏"撒网捕鱼送神容易请神难。**

这一般窘境则是：

创业团队一才难求，招聘困局进退维谷。

2．招聘守则之一：你的必要投入

实则通过上述第三个故事我们已经清楚地知道：

热衷于谈论创业的人并不意味着他真的乐于投身到创业中。

"退避三舍"，是当我们诚心诚意、怀着"欠下人情债"的危险试图把个人关系网中的合适人选拉进创业队伍时最容易遭受的对待。

而当我们遭到这样的"冷待"时，兴许谈不上捶胸顿足自怨自艾，也许多少会有些习以为常的无可奈何。然而无论如何我们需要清楚的是：

人才资源也是资源，想获得优质"**资源**"，就必投入同等的"**成本**"。

其一，时间。

应当花费一些时间在招聘上是绝大多数创业者都默认的常识。然而若是我们试图去把所谓的"一些时间"进一步量化，那么恐怕又是"仁者见仁，智者见智"之谈了。

有一种广为流传的说法是：

"你应该开始花三分之一到二分之一的时间来进行招聘。"

实则我们对这件事的反应恐怕比初次听闻全书开篇那个"非生即死"的"危言耸听"时更为夸张。

要知道，大多数从事了手游创业的人之前从事的工作往往既不是老师也不是医生、不是法官也不是收银员。他们总是来自组成了手游灵魂的那三个领域，并在创业团队中身兼要职。他们每天有数不清的工作要做：

完成游戏资源绘制、完成客户端或服务器端代码编写，或者紧锣密鼓地设计游戏玩法和系统构架。

花费二分之一的时间招聘？

招聘比完成那些"重要工作"更重要？

答案是肯定的，主导研发了《刀塔传奇》的莉莉丝 CEO 王信文曾在日志中坦言：在团队扩充时，他曾花费了 80% 的时间在招聘上。

一旦我们选择了扩充团队，那么"招聘"便成了我们所要做的事情里最重要的。因为无论组成手游的"三要素"多么重要，无论这"三要素"所包含的工作多么迫切地等待着你去完成，可以完成它们的人都不该是不可替代的。

然而招聘有别于这"三要素"，我们永远不能指望把这件事情外包出去。因为**优秀的团队与优秀的人才相辅相成，而优秀的人才又决定了一款产品的成败。**

他们可谓是创业阶段的重中之重。

美国移动支付创业公司 Square 的 COO Keith Rabois 相信，在公司超过 500 人之前，创始人应该亲自面试每一名候选人。

事实上，我们这里说的"在招聘上花费的时间"，还有另一种解释。那就是：

花费一定时间在学习某个职位的职责上面。

如果你不懂得这个职位的职责，获得合适的人才将会非常困难。

一个典型的例子是,一名程序员 CEO 打算在推广其团队研发的手游产品上招聘一名营销人员,而理由仅仅是因为他不想把"时间"浪费在营销上,或是他压根也不感兴趣。然而其结果常常是:他并不了解这个职位的职责,也并不清楚此时吸纳该职位人才的必要性,他很可能因为理解上的误区而吸引不到合适的人选,最终导致营销工作无法顺利开展或是产生多余的支出。

▌其二,耐心。

我们在"省钱"的主题里曾经讨论过关于"大做"和"做大"的问题,同时我们在第三个故事中也看到了迅速扩张团队带来的"人员流失率高"的隐患。毫无疑问,创业公司"前景不稳妥"对于招聘而言是一个致命"硬伤",因为连我们自己也无法保证这间公司不会在数月之后便"关张大吉",因此,当我们向那些优秀的合适人选介绍我们的公司的时候总会显得有些小心翼翼,可在互联网如此发达的时代,对方心里恐怕涌起的第一个念头就是"搜索它",故而即便我们夸夸其谈试图瞒天过海无疑是徒劳,因此,常常不等我们谈到有关待遇的问题,他们便已然失去了兴趣。

这不能不让我们为了招聘问题焦头烂额心烦意乱,而这种时候,就是我们在整个招聘过程中最需要付出耐心的时候。

我们曾提到过手游行业对于创业团队而言"小而精"与"小而美"的要求,事实上我们可以发现,在整个互联网行业,它同样也给许许多多创业团队带来了言之不尽的好处,最明显的一点便是:

小团队为每一个团队成员带来了强烈的归属感和责任心。

一个非常著名的例子是全球知名短租网站 Airbnb 的招聘策

略。事实上，初创时期的 Airbnb 团队本着"宁缺毋滥"的原则，耐着性子，花了整整漫长的五个月时间才招进第一个人，而他们在第一年里只招了两个人。

开始招聘前，Airbnb 的创始人 Brian Chesky 和他的团队列下了他们所希望的每一个员工都能具有的品质，而其中列出的一条问题非常有意思：

如果你被诊断出只剩一年的生命，你还会加入 Airbnb 吗？

虽然在其后这个问题由于略显"极端"而做出了调整（将"一年"改为了"十年"），但我们仍然可以看出 Airbnb 团队对于"团队成员在团队内是否应当获得归属感"的强烈反馈。

如今的 Airbnb 已由最初 2 人演变为如今的 2000 余人，可依旧有传言称：

如果有机会接触 Airbnb 的前15位员工，那你便会对"归属感"三个字做一个更深刻的重新定义。

团队接纳了成员，成员定义了团队。

这便是归属感的由来以及优秀团队和优秀成员之间的辩证联系。

我们都知道无论是"归属感"的培养还是优秀团队的打造都非易事，但是若是尝试效仿 Airbnb，至少**放慢招聘速度**、**抬高准入门槛**、**精中选优**，是几乎所有的团队都能做到的。

其三，利益。

我们在第三章中已经了解了"厚待自己人"的重要性，实则无论是高薪待遇还是股权激励制度，都不仅仅可以用在"收买人

142

心"、留住"战友"的目的上，在很多时候，它们也可以成为吸引优秀人才的一种手段。

对于一家创业公司而言，与成熟企业相比，它们另一个最具优势的地方莫过于所谓的"**合伙人机制**"，合伙人机制往往意味着**扁平化管理**，当然，它与"股权激励制度"同样相辅相成，属于我们所说的"利益"的一部分，只不过这里所说的"利益"不仅仅是经济上的利益，更多的指团队资源。

合伙人机制的好处在于让每一个团队成员认为自己在利用团队的资源为自己干活。**它旨在强调合作关系而非雇佣关系**，在一个扁平化管理的团队里，我们重视成员的想法和意见，强调**参与感**。

3. 招聘守则之二：妥协和坚持

若用两个字概括"**妥协与坚持**"的核心，非"**舍得**"莫属。把舍得描摹为一种"生活禅"实则一点也不为过，正所谓"有舍有得，不舍不得，大舍大得，小舍小得。"

在团队建设方面学会"舍得"十分重要，因为这些不掺杂模棱两可态度的"坚持和妥协"，往往能成为一个企业的成功要素。

▎其一，坚持：不容忍"不合适"的人才。

对于一家创业公司而言，往往有大量的工作等待着团队的协作完成，因此我们没有时间去等待某位成员的成长和改变，如果出于对为招聘到此人而付出的努力的不甘心或是"面子上挂不住"而让他留在团队中，对整个项目的研发和团队的成长无疑都是不

利的。

在大多数时候，最好的解决方案是在招聘之时便发现问题，从而避免日后引发的诸多麻烦。可是这并不容易，因为这里所指的"不合适"并非单纯指的是职业水平不过关。事实上有相当一部分工作能力优秀的团队成员也在我们的"不能容忍"之列，毕竟，人无完人。

这便对每一个创业者、团队负责人提出了新的要求：

用最短的时间做出最正确的决断。

一个非常有趣的例子是 Noah Kagan 与 Facebook 的故事。前者是 Facebook 的早期员工，后者是世界排名第一的照片分享站点。

传言 Noah Kagan 是个作风跋扈、行为怪异的技术"大神"，他在 24 岁的时候就拿到了 Facebook 的 offer 和两个工资选项：

第一，6 万美元年薪，0.1% 的公司股份（2 万股）；

第二，6.5 万美元年薪，0.05% 的公司股份。

Noah Kagan 选择了前者，这些股票期权如今能够让他的个人身家达到约 1.85 亿美元。但不幸的是，Noah Kagan 在任职 9 个月之后便"闪电般"地被 Facebook 解雇了。

然而值得一提的是，当 Noah Kagan 被解雇之后，却越挫越勇，另外创办了两家公司，每一家都是数百万美元的价值。毫无疑问，他是一个能力与才华并存的名副其实的"人才"。

在此之后，有过不少人批判过 Facebook 的眼光之差、预见之浅，甚至以此作为治愈"后悔症"的一剂良药："你看，谁没看走眼过呢？连 Facebook 都开除过 Noah Kagan 这样的天才，何况是你我呢？"

然而真的是这样吗？

后来 Noah Kagan 在一次采访中曝光了自己被解雇的原因：他曾在某次醉酒后向科技博客 TechCrunch 泄露了公司的内部消息；他曾非常傲慢自大，试图借助公司的名誉使自己名利双收；他在工作中并未能完全体现他出众的才华，甚至出现过一些令人失望的失误；他在只有 30 人的团队工作时常常可以出色地完成工作，但当 Facebook 的成员从 30 人增长为 150 人时，这一切开始变得困难，他无法适应团队的扩张。

很显然，站在一家公司或一个团队的角度，Facebook 的做法果断而聪明，**"忍痛割才"** 需要魄力和决断力，Facebook 做到了，这也是他在团队建设方面的成功之处。

其二，坚持：高标准的招聘条件。

手游团队的"小而精""小而美"意味着核心成员必须身兼数职、能者多劳。从这个角度来看，对一个创业团队而言，它的准入门槛绝不应当低于大型企业，有的时候甚至需要更高，花费太多的团队资源用于培训新人不是明智之举，毕竟资源有限，我们是一家正在创业的手游公司，并不是培训机构。追根究底，还是那个老生常谈的**"宁缺毋滥"**。

莉莉丝游戏的 CEO 王信文就曾在 2013 年 9 月的创业之初以高标准扩充了他的团队，对此，王信文不无自豪地说："我们有个策划，以前在别的公司做 CTO，现在是我们公司策划人员里面，代码写得最好的。"

其三，妥协：不迷信经验和学历。

我相信最优秀的公司总是更"迷信"能力而非学历。即便是我们这等无名小辈大多也听到过这样一句在网络上流传甚广的"金玉良言"：

"这世界上 99.9% 担心学历问题的人，症结不在学历低，而在能力不足。"

经验却不然。

在中国的游戏圈有个"怪"现象，那便是此起彼伏全年不休的经验分享聚会。各大公司高层精心准备而来，中小游戏研发厂商"盛装"出席，说者高谈阔论、舌灿莲花，听者津津有味、随声附和。

成功的企业喜欢分享经验，失败的创业者亦然，然而正所谓"一千个读者，一千个哈姆雷特"，在同质化的游戏市场中研发出了千人一面的产品的企业，在探究经验的时候反而众说纷纭各有"妙计"。

当然，成功也好，失败也罢，即便是之于连创业的门都还没摸到的"创业者"，其经验教训听听也无妨，然而现在的游戏行业，最主要的问题之一就在于：

经验过剩了。

凡事凡物一旦过剩，那么便不值钱了。

事实上，中国的游戏行业另一个**现状**就是：

每个人都是幕后工作者。

反观国外的游戏团队，大家就能明白我的意思。

在国外，绝大多数游戏作品中都会有专门的区域列出参与制作的人员名单。

游戏行业的"幕后工作者"，意味着公司对成员价值的贬低和不尊重，同时引发了另一个问题：

你怎么证明你参与了这款游戏呢？

在招聘过程中，鲜少有人问得这么直截了当，也鲜少有人能用一言半语解释清楚，这就带来了游戏行业的另一个弊端：

经验造假。

经验的廉价和伪劣品的丛生让每一个正在面临招聘难题的手游创业者都需要重新考虑一个问题：经验，真的重要吗？

美国著名的创业孵化器 Y Combinator 的掌门人 Sam Altman 给出了这样的经验：

> *"创业公司早期的招聘中，态度比经验更重要。"*

事实上，在他所做的最明智的几次招聘决定中，对方在相关领域都没有经验。他 / 她有多想做这件事可能值得注意。

其四，妥协：乐于分享。

"乐于分享"自古以来都可被算作一种美德。然而我在这里将其作为一种"妥协"，实则是国情使然。

自古以来在中国传统文化传承的历史上，我们常能看到诸如此类的字样："传男不传女""传内不传外"……无论是家传珍宝还是祖传绝活一沾上"祖宗规矩"，就被蒙上了一层神秘莫测而不可动摇的色彩。我们也可以将这种保守尚古的做法看成是中

国一种**特有的"知识产权保护方式"**，然而正是这种方式导致了包括京剧变脸在内的许多传统艺术与技术的险些失传。

这样的氛围在如今互联网发达的时代依然存在：

如果你是一位程序开发人员，那么我想你一定对浏览国外的技术论坛并不陌生，在那里，你往往可以找到许多自己曾在技术领域遇到过的、却在国内论坛求而不得的问题的经验分享。

如果你是一位画师或设计师，那么我想你多半有过在全球知名的 UI 设计师社区 Dribble 上充电学习的经历，看来自世界各地的优秀设计师坦诚地公开自己的设计理念，这种体验是在国内的大多数圈子内不容易体会到的。

在游戏行业同样如此，我的一位自视甚高的朋友曾拿着自己的游戏设计方案向一位投资人寻求帮助，交流过后竟然拿出一纸保密协议欲与投资人签订。事实上，究竟他的设计方案内包含了什么石破天惊的好点子，我也不得而知，他也压根不愿意将这方案里的内容对我透露半句。

当然，这种"不乐于分享"的做法并不能完全怪罪于创业者，因为在手游行业，"骗"走公司代码、自立门户"换皮"发布产品的例子的确屡见不鲜。然而单从招聘方面来说，担心创意或技术被冒用窃取未免有些言之过早，我们情愿在其他方面多花些工夫防微杜渐，也不要因为出于对"复制"的恐惧和竞争的压力而给自己的项目和想法竖起壁垒。

无数事实证明：

> 在分享的过程中，更容易吸引到志趣相投的人才。

四、团队创造价值

怎样让我们的团队为我们创造价值？

> *这是每一个创业者都关注的问题。也许我们可以换一个方式来提问，那便是："想创造价值，需要一个什么样的团队？"*

面对这个问题想必有无数贴切的回答，然而如果依着一些大众化的理论，让我在此再把什么诸如"凝聚力""归属感""热情"的空泛而伟大的词汇堆砌在一起，未免有蒙混过关的嫌疑，何况绝大多数关于提高团队品质切实可行的方法，在上一节中也已经介绍得七七八八。

一个创业阶段的微型手游团队不同于一家稳定运营的大型企业，硬要说上一些"绩效奖励制度"和"员工培训守则"之流的教条化内容绝算不上妥当。可相比较这些而言，一个典型又负面的例子恐怕更容易让人印象深刻，既然说是负面，那么反其道而行之，便是一个能够创造价值的优秀团队。

这个例子便是猴年春晚吉祥物"康康"的设计和制作过程，它与手游行业的团队合作有共通之处，相信我们能从中收获一二。

1. 与团队配合有关——从春晚走丢的"康康"看手游团队

"康康"是谁？

如果你热衷于春晚的相关报道，如果你喜欢泡在社交网站，那么你一定不会对这个名字陌生。我们要提的"康康"，正是原

定于出现在 2016 年央视猴年春晚、却在除夕晚上意外"失踪"的吉祥物。

"猴"作为十二生肖之一，自古以来都是聪慧机智的代表。春晚剧组认为对它的设计不能掉以轻心，故而，剧组特意邀请了国家一级美术师、北京奥运会吉祥物"福娃"的创作者韩美林来设计猴年春晚吉祥物。

▲ 猴年春晚原定吉祥物"康康"的设计稿件，作者：韩美林

实则单从这张设计图来看，用色强烈，外表可爱，以中国传统水墨画的艺术形式表现一种现代意义上的"萌"十分有趣。如果看过韩美林老师的其他作品也可以发现：他的艺术风格独到，个性特征鲜明，"康康"也不过是他诸多颇具特色的作品当中的一个。

事实上，网友对这张设计图的评论褒多于贬，对艺术家的付出也颇为认可，然而紧接着，随着央视春晚官方微博对其设计图 3D 形象的曝光，整个事件发生了转机：社交网站出现大片骂声，网友众口一词把矛头指向韩美林和设计团队，甚至在韩美林公开发声表示自己并未参与 3D 设计之后也未能力挽狂澜。

"康康" 3D 设计，由央视春晚发布

这张令网友惊呼"不忍直视"的设计因多如潮水的差评而"红"遍了"大江南北"，最终也被春晚舞台拒之门外。

不少人把"康康"的失败归咎于韩美林或 3D 建模人员，实则仔细深究，这个团队内部的每个人都有责任。

其一，设计方／游戏美术。

我没有资格去"声讨"韩美林老师，作为一名艺术家，他资历颇丰成果硕硕，并且十分优秀和称职。然而一位名为"捏面人"的网友对其在这次本该是一次团队协作的工作任务中的表现做出了这样一番比较中肯的评价：

"不管水墨画多么弘扬中国文化，既然要与 3D 接轨，就得放下身段，关注一下技术层面的事。"

其实在一款手游的研发过程中，韩美林老师的身份很类似于一名游戏美术。

在游戏行业，想必绝大多数美术人员都听过这样一句话：

"原画一时爽，建模火葬场。"

这句话有点"糙"，也许作为"论据"被我冠冕堂皇摆在此处不大合适，然而用它来侧面表述一名美术人员需要肩负的责任再贴切不过。

没有与协作部门充分沟通、没有从大局出发考虑问题，导致了一款产品研发的后续环节问题重重。

充分的理解和配合，是一个团队创造价值的重要条件。

其二，建模方 / 游戏程序。

我更愿意把"康康"的制作团队中的 3D 建模方比为一个手游团队中的程序部门，他们是需求的实践者和技术的实现者。

如果从一款产品的效果设计图诞生之初就带来了其附加的实现层面的技术难题，那么产品的失败便与实现者就没有一点关系了么？

当然不是。

在游戏行业还有一句话：

"如果可能，技术尽量不成为效果的限制。"

这也是我在游戏行业的第一任老板的口头禅，他的另一句口头禅则是：

"技术都能实现。"

我们暂不去考虑这句话的适用范围，然而事实上，我们能想到过的绝大多数效果，也的确都在市场上被人实现了，这就是技术的使人迷醉之处。

依旧以"康康"为例，设计方给出了一个水墨风格明确的设计图，建模团队能实现吗？上海创意设计工作者协会副主席、多媒体艺术家金江波给出了答案：

"将水墨画转成3D有许多做法，一些软件带有水墨粒子效果，而最简单的方式是用二维动画制作软件将水墨画虚拟成三维空间，但操作人员必须懂得水墨画特效的意境和味道，需要有丰富的使用经验来调试。"

当实现者无法实现某个需求的时候，首先当从自己身上寻找问题所在，若依旧觉得这份工作超出能力范围，则应当迅速对协作部门或负责人做出反馈，而不是草草完成，将一款失败的产品投入市场。

其三，决策者／游戏策划。

绝大多数人忽略了"康康"团队背后的关键性角色：**决策者**。然而，这一角色才是真正导致"康康"走向败亡的原因。

决策者需要起到确定设计方案、协调各协作部门之间关系以及跟进任务进度等职能，很类似在一款游戏的研发过程中游戏策划的角色。

我们同样以"康康"为例，绝大多数关注此事件的网友早已对韩美林的设计图难以忘怀，却鲜少有人提及央视曾公布的其余几个"康康"的备选方案。我们选取其中两个，在此展示给大家。

"康康"的备选方案之一，作者：白茶

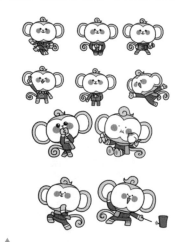

"康康"的备选方案之二，作者：孟宪博

　　与最终定稿的"康康"比起来，哪些更适合被用于 3D 建模一目了然，而一开始决策上的失误便为其后的失败奠定了基础。在团队协作的过程中，对协作部门"不管不问"的行为也导致了团队内部沟通不畅的现象，更使得这场失败来得令人措手不及，并且无可逆转。

意图减少决策上的失误，就意味着整个团队对策划一职提出了更高的要求，想面面俱到，就不得不遵循着那句在游戏圈流传甚广的"老话"选贤举能：

"不懂美术的程序不是好策划。"

而作为一名策划，在面对可能出现的失误时需要及时沟通，在几个协作部门充分了解需求并对任务的交叉部分达成共识的前提下继续完成工作。此外，同样重要的一点是：给自己留下可供修正错误的时间，给自己以时间，便是给团队以余地。

2. 积淀，资本，还是众志成城

"康康"是一个在团队协作方面失败得有些极端的案例，实则由于手游普遍**"成本低""周期短"**的特性使然，一个创业团队的人数往往还没有"康康"的制作团队的人数多，因此，手游行业内创业阶段的团队协作也远没有许多人想象得那么复杂和困难，然而在很多创业团队中，不少创业者还存在着一些思维方面的误区。

过年期间，我的一位正在从事手游创业的朋友在朋友圈内写下了这样一段话：

"团队最宝贵的，原来不是积淀，也不是资本，而是大伙儿一条心九死无悔的拼劲儿。横下一条心，即使穷困潦倒食不果腹，也是胜券在握。"

我忍不住，在这条文字下评论道：不，是积淀。

于是这位朋友在我的评论之下回复：团结一心是前提，积淀是基础，资本是条件。没有基础可以创造基础，没有条件可以凭

借运气"认贵人"，可没有前提，所有一切都不成立。

我们不得不承认，他的话有一定道理。然而我之所以把"积淀"放在首位，也是出于手游行业的特点考虑。

在一个依靠低成本研发短周期手游产品的创业团队，我们几乎没有任何时间等待任何人积累和沉淀，故而一个有所"积淀"的人才是一个团队迫切需要的。反过来讲，一个有着深厚积淀的团队，也更容易吸引和留住有着深厚积淀的优秀人才，这是相辅相成的良性循环。

相反的，在创业圈，许许多多的创业者都在做着"水泊梁山""一百零八好汉"的美梦。实则我常常觉得创业者的心态并不该如此"破釜沉舟""壮怀激烈"。

因为胜败乃兵家常事，我们深知创业的艰险，便更无权要求任何一个团队成员为了我们的产品"九死无悔"，唯有积淀可以使一个团队能够不骄不馁地**"宁静致远，厚积薄发"**，使他们：

> 不会因一时的失意而捶胸顿足放弃梦想，也不会因一时的成功而得意忘形乐极生悲。

不计后果地要求"穷困潦倒食不果腹"也依然坚持无悔是不成熟的行为，更是对团队不负责任的行为，恰如我们所说过的那句话：一个丑陋的真理比一个华美的谎言来得强大。

事实上，众志成城是很重要的，资本也是很重要的。我的言论并无意针对任何一位同行，只不过是就事论事指出一些创业者单纯地把"生死无怨""至死相随"作为团队协作的前提的做法。

> 对一个团队而言，积淀可比"鸡血"重要多了。

第五章

产品博弈

　　手游圈子里一个常见的误区是：创业者们常常喜欢在产品完成且进入市场之后开始执着于关注排行榜和下载量，沉迷于将之与榜单上的各类产品比长论短，几乎到了食不知味夜不能寐的地步。一面祈祷自己的产品下载量节节攀升，一面幻想对手的作品遭逢不测。却不知产品博弈中关乎成败的战役往往打响在研发过程中，而非产品发布后。因此如何能把握好产品博弈的黄金时段，在产品研发这个主战场中运筹帷幄、决胜千里，是一个至关重要的问题。

产品（Product），指的是向市场提供的，引起注意、获取、使用或者消费，以满足欲望或需要的任何东西。

从产品定义的角度来看，我们普遍认为的产品分为三个层次：

核心产品、形式产品、延伸产品。

核心产品是指产品的整体提供给购买者的直接利益和效用。

形式产品是指产品在市场上出现的物质实体外形，包括产品的品质、特征、造型、商标和包装等。

延伸产品是指整体产品提供给顾客的一系列附加利益，包括运送、安装、维修、保证等在消费领域给予消费者的好处。

如果将这些定义放在一款手机游戏身上，我想我们大概会更好理解：

核心产品指的是一款手机游戏的玩法所提供给玩家的趣味性和满足感。

形式产品指的是一款手机游戏的表现形式，诸如某一个特定的手机游戏类别，以及一些或华美考究或简单明快的美术包装。

延伸产品则指的是依托于手机游戏产品定期开展的一些线上或线下的回馈玩家活动。

可以说，**核心产品作为顾客发自内心想购买的内容是产品整体概念中是最基本、最主要的部分。**

想将产品做好，最重要的问题就是弄清楚：

我们的玩家想要什么？

一款优秀游戏的核心产品应当是怎样的？

一、有关核心产品的探讨：他们想要什么

早在本书的开篇我们便探讨过"做游戏是做什么"的问题，

我们也曾做过一些简要的概述，然而书至此处，我们依旧不清楚到底什么是"游戏"。

在这里我们可以引入《辞海》的定义：

> **以直接获得快感为主要目的，且必须有主体参与互动的活动。**

这个定义很好地阐述了游戏的目的与游戏的前提条件，同时对每一个游戏开发者提出了这样的一个问题：

如何让玩家获得快感？

实则这个问题从游戏诞生伊始便被探讨至今，一些常见的已成为经典的游戏形式几乎无一不是直指人性弱点从而使玩家获得愉悦。因而我们不妨在此以这些经典的游戏任务设计为蓝本，对其逐一分析，从而获得我们所追求的答案。

1. 收集任务和收集欲

收集是种本能。以此作为游戏任务几乎可以称得上是游戏设计中最"讨巧"的办法了。我们前面曾提过 UI 设计的通用性，即设计要尽可能贴合生活常识和日常认知，实则对于游戏设计亦如此。而收集任务最绝妙之处就在于我们鲜少能找到生活中没有过收集经验的玩家。

我们集邮、集书、集钱、集奢侈品和艺术收藏品，网络资源储备，抄录诗词歌赋，自幼在学校里便被要求完成"剪贴报""拾贝集""摘抄本"的任务。离开游戏，收集任务也从未离开过我们的生活。

反映在游戏中，它的表现形式就是：

> *给玩家提供一个或多个明确的收集目标，让玩家在游戏中极尽所能通过各种途径完成该目标。*

几个非常好的例子是：收集进化或升级材料、收集某一类勋章和成就、收集各色装备和道具。

更为具体的例子则是手游网游中在装备方面对于"某套装"的收集，诸如手游《太极熊猫》中的"天使套装""海洋套装"和"死亡套装"。

对于收集任务而言，其设计得是否细致妥当，其评判标准就在于：

> *它是否能抓住玩家的需求，激发玩家对该需求物品的收集欲。*

2. 装饰任务和装饰欲

装饰是一种欲望，也是一种习惯。我们乐于装饰自己的办公桌，乐于装饰自己的房子，和收集欲一样，这几乎成了我们日常生活中的一种本能反应。

事实上，这种欲望一旦被运用在游戏当中，同样能迅速被玩家适应，哪怕其奖励仅有视觉上的"赏心悦目"，也能给他们带来极大的愉悦和满足感。

非常典型的一个例子是由 HandyGames 开发的模拟养成经营类休闲游戏《家园 7》中的装饰元素，在很多情况下，我们宁愿花费数小时专注地把城市建设成为我们期望的样子，情愿费时耗力地使其看上去像是被"过度装饰"，至于我们，即便得不到丝毫奖赏也毫不在意。

▲
《家园 7》中，被玩家装饰过的城市

另一些更特别的例子是，一些女性玩家喜欢在诸如《奇迹暖暖》之类的换装类游戏中耗费数不尽的金钱和精力，只为了让自己所控制的角色看上去更赏心悦目。

3. 消费任务和消费欲望

消费欲望是指消费者从消费物品中求得满足的愿望。在社会学看来，人的消费欲望和需求水平，不但受可支配收入的影响，而且也受社会因素的影响。其中，人与人之间的相互攀比和竞赛，是促成欲望起飞的一个重要的社会动因。

因"攀比"和"竞赛"而引发的诸多消费任务，恰恰就是诸多手机网游的核心设计理念。

实则在手机游戏中常常见到的实时对战系统或者关卡 BOSS 战都可以看作一种"消费任务"：在其他任务中所获得的技能和资源在这里被消耗，并转换成为更受玩家推崇的回报和"不动产"。

4. 重复任务和重复性工作

在我读大学二年级的时候曾在一家游戏公司任职，在面试时

被问到了这样一个问题："你认为《仙剑奇侠传》诸多的迷宫和反复地打怪是为了什么？"

彼时我一时语塞，脑子里转过千百个想法，却始终无法将其与某些听上去高端唬人的游戏设计理念结合，最终只得老老实实地回答："拖延时间。"

事实上关于这个问题的正确答案我至今也不清楚，兴许这本就是一道开放性命题。可我们还是免不了思考，为何诸如"反复地打怪"之类的重复性任务在游戏产品中屡见不鲜？

作为一个设计者，我的确认为这是一种把玩家留在游戏中的最好选择，可作为一名玩家，我们需要反思：

为何我们谁也不曾吐槽或试图反抗、抵制过这种奇特而频繁的重复性任务？

甚至有时候，我们还会如上瘾一般地执着于周而复始、却又相当无聊的"打怪练级"之中？

随着阅历的增长，这种反思逐渐有了答案。说起来还颇有励志意味，简而言之无非**"天道酬勤"** 4 个字便能概括。

在游戏中，付出总是会有所收获的，为了促使玩家在游戏中进行重复性的劳动，游戏设计者给这些任务配置了与付出相对匹配的"奖赏"，换而言之，游戏里的回报从不赖账，现实中却不然。这也是为什么许多人愿意从游戏中寻找逃避现实之法的原因。

这种回报有一种短暂而强烈的上瘾性，但终归只能称得上缓兵之计而非长久之计。因为聪明的玩家大多都会经历如我们这些设计者一般的反思和自省的过程，继而他们很快便会发现隐藏在这种重复性任务背后的千篇一律和索然无味，接着，对游戏的体验有了更高的需求。

因此，作为一名产品的设计者，**过度依赖重复性任务不是明智之举**。

5．无尽的自由或是被限制的自由

有人说人类是这样一种生物：

他们声称自己喜欢自由。但对大多数人来说，如果真的把自由的选择权给了他们，他们就会不知所措。

事实上，从极简主义的风潮进入手游行业之后，便有越来越多的开发者提出"**简化游戏**"以及"**替玩家做出选择**"的理论。其结果是，秉承这一理论的创业者或开发者，的确有相当一部分获得了成功。

然而与此同时，一批自由度颇高的手机游戏依然在不动声色地流行，一个轻量级手游的例子是由 CatCap Studio 研发的一款多结局多支线的养成游戏《爱养成》；而一个重量级手游的例子是由 Rockstar Games 开发的顶级制作《GTA：圣安地列斯》（*Grand Theft Auto：San Andreas*）。

▲《GTA：圣安地列斯》（*Grand Theft Auto：San Andreas*）场景一

▲
《GTA：圣安地列斯》（*Grand Theft Auto：San Andreas*）场景二

泛泛之如人类，狭隘之如我们的玩家，他们究竟喜欢无尽的自由还是被限制的自由？

这似乎成了一个值得讨论的问题。

实则这个问题从 PC 游戏的时代就在被人探讨。非常典型的一个例子便是著名的河洛工作室"群侠"系列的三部曲：《金庸群侠传》《武林群侠传》以及《三国群侠传》。这三款被一部分玩家奉为天神一般的游戏作品在另一批玩家口中几乎被形容得一文不值。

▲
《金庸群侠传》

▲
《武林群侠传》

▲
《三国群侠传》场景一

▲
《三国群侠传》场景二

前者的论点正是源于这三款游戏的**"高自由度"**，而后者的反驳依据则是由于这些所谓的"高自由度"给他们带来的困扰。

正所谓"话不投机半句多"，正所谓"道不同不相为谋"。对于自由度的问题终于有了个暂时的结论，这便是：**萝卜青菜各有所爱**。

我们要在游戏里给玩家多少自由？

这只不过是个简单的**非此即彼**的问题罢了。它们极类似两种截然不同的游戏模式，各拥有一批忠实用户，本就不是什么值得深究的严重问题。

在研发我们的一款高自由度的新游戏的时候，我的伙伴曾这样向我提议："不如设计一个机制，让喜欢高自由度与适应低自由度的玩家都能接受我们的游戏，你看如何？"

对此，我的答案是：

"风格鲜明的优劣参半与左右妥协的模棱两可，我选前者。"

二、好产品的修炼大法

1．好产品都是"改"出来的

游戏行业有这样一句话：**"好游戏都是改出来的！"**

如果我没有记错，这句话至少有十余位业内的知名人士曾经说过。其中包括知名页游平台 51wan 的副总裁赫梅、热酷游戏首席产品规划师邓淳以及热门手游《找你妹》的出品方公司 CEO 刘勇……

对于这句关于"好游戏"的诞生的说法，虽然千口一词，却免不了出现"一词多义"的情况。

一种观点是：

成功的游戏大多基于已经成熟的游戏模式，当在已有的游戏模式上进行修改。

另一种观点是：

成功的游戏在诞生之初大多是粗糙而平凡的，在不断完善的过程中终脱胎换骨涅槃新生。

在本章里，我将会更侧重于第二种观点进行阐述。这并非是由于我对效仿和同质化产品的抵触，因为游戏行业在经验的传承上和传统行业并没有什么区别，毫无例外地"前人栽树后人乘凉"，因而我们没有什么资格对这种做法指手画脚。

之所以把第二种观点作为我们的侧重点，是因为较之前者而言，它更具备通用性。无论我们是"乘着前人的凉"还是"栽着后人的树"，后者都能适用并都能从中获益。

然而想知道如何改，就必先知道我们要向着什么样的方向改，就意味着我们需要一套可以借鉴的评判标准，以此作为我们的"引路明灯"。

2．建立评判标准

在游戏行业，最难做到的事是什么？

是某种技术层面的突破？是对美术技艺的追求？是对创新意识的要求？

都不是。

不论技术的突破需要经历怎样的千难万险，不论艺术的追求

需要经历怎样的千波万折，不论稀缺的创新意识在手游行业内如何千金难求……只要花费时日钻研，总能略有所得。

在游戏行业，一件公认的最难做到的事是：

给好玩的游戏下一个定义。

换而言之，不过是一个问题：

什么是好玩的游戏？

执迷于理论的业界学霸也许会说：

"可玩性好，自由度高，体验丰富，即为好游戏。"

倾向于实践的游戏达人也许会说：

"《太极熊猫》的对战系统，《爱养成》的养成模式，'三消'游戏的奖励系统，《刀塔传奇》的微操系统……"

然而前者的叙述太泛泛，后者的答案太狭隘，听上去皆有些似是而非的意味。

事实上，这个问题也的确无解，如果"好玩的游戏"能被概念化的句子白纸黑字"钉"在纸上，那么也就意味着大规模生产、批量制造优秀游戏的时代要来临了，自此也不必再有大中小游戏研发厂商的"斗智斗勇"和"冲锋陷阵"。

关于"下定义"这件事的规律总是这样：

一件产品越是复杂，我们越不容易给它定性；一个名词一旦加上了形容词，那么这种被准确定义的可能性便更小。

我们无法为"好玩的游戏"定制一套规范化的标准，然而我们可以从游戏的组成部分出发，为这些组合成了游戏的"部件"

列出详细的评判标准及理由，借此不断提升和完善我们的游戏产品。一种说法是：

修改游戏要从以下 4 个方面出发，即：

游戏**功能优化**、游戏**内容优化**、游戏**系统优化**、游戏**界面优化**。

由于每一款游戏产品的侧重点有所不同，实现的技术手段与游戏类型千差万别，因而我们在此只以"游戏内容"与"游戏界面"的优化为例，制定出两套评判标准以供参考，而落实到实际项目中，还需要每一位创业者或者负责人为自己的游戏产品"量体裁衣"。

3. UI 体验评判标准

UI（User Interface）即用户界面。泛指用户的操作界面，UI 设计的目的旨在：

> *规划界面的样式，提高界面的美观程度，确保用户的操作流畅度。*

无论是一款应用软件还是一款游戏产品，UI 的重要性都能被排在三甲之列。有一种说法是：

好的 UI 让产品极富个性，同时能使操作变得更为简单流畅。

事实上，一套完整的 UI 设计流程并不容易，对一些在设计上有"精神洁癖"的设计师来说其过程更为繁杂：从需求分析到市场调查，从草拟方案到元素整合，从灵感爆棚到思维冷却，从墨守成规到突破传统，从手绘到板绘，从个人到团队……然而思想的高度一旦被具象化变成一套彻彻底底的 UI 设计，那就意味着大多数人所看到所想只能"流于表面"。

因此，我所提出的所谓"法则"只是一个俗人在大众化市场中的一些所感所得，仅供参考，不可尽信。

▌ 其一，是否具有一致性。

优秀的 UI 设计一定是在"一致性"方面有着极高的要求的。这里所指的一致性包含 4 个方面，即：

配色一致性，**逻辑**一致性，**字体**一致性，**描述**一致性。

配色和字体的一致性保证了多个界面切换过程中视觉上的和谐统一；逻辑和描述的一致性保证了玩家在操作过程中学习成本的低廉。

换而言之，如果一款游戏中对产生同样效果的一个或几个操作进行了不一样的操控方式设计，会让玩家觉得这款游戏"很难玩"。同样的，如果对同一功能的描述使用了多个词汇（例如编辑和修改、新增和增加、删除和清除等混用），那么会让玩家在操作过程中产生疑惑和费解。

▌ 其二，嵌套深度是否足够低。

简而言之，对话框嵌套的深度越低，操作体验会相对越好。普遍来看，**三层的嵌套深度**是一款游戏当中的底线，对 RPG 游戏而言，这样的底线似乎可以有所放宽。

对嵌套深度的要求旨在不让玩家对他们所处的位置、正在做的事情以及原因感到困惑。

▌ 其三，是否隐藏掉了复杂性。

在将玩家引入游戏玩法体验时，所有当前不相关的内容都需要尽可能被隐藏到其他对话框中。要知道，过多的选择和信息只会让玩家备感困惑。

其四，配色是否合理。

对于玩家而言，浏览一张图片的过程中他们第一眼看到的，往往不是画面的内容、不是图形的组合，而是**颜色的搭配**。

色彩给人以直观的感受，这就要求 UI 设计师在颜色的处理和运用上有更专业的眼光和技巧。花色与纯色的平衡，互补色之间的平衡，深色和浅色的平衡，冷色和暖色的平衡都是 UI 设计中的重中之重。

对于大多数人而言，最简单的评判标准莫过于：

这颜色的搭配是否让你感到舒适？

其五，是否具备可识别性。

这个图形按钮想传达什么意思？这件装备的形状参考其命名是否有些"名不副实"？

让玩家看懂设计者想传达的含义至关重要，在图标和操作栏的设计上如果连可识别性都无法达到，那么我们就没有资格去探讨其美观性。

另一个体现可识别性的策略就是：

尽可能让图标内图形元素的边缘清晰可见，提高对比度并减低复杂度。

这些都可以有效保证图标在缩小的情况下也能相当清晰地展现，这一点十分适用于手机游戏。

▌ 其六，是否具备通用性。

一个通俗的理解是：将用户生活中近乎常识的习惯代入 UI 设计中去，这会让用户对产品操作的学习成本降至最低，并且操控的复杂性得以控制。

实则在设计中融入生活无疑是不容易的，因为造物主在创世之初便设计好了一切，若要谈及设计在生活中的"有据可依"，那么小到一个像素、一种颜色、一类渐变，大到图标最合理的大小和界面的布局都可以自有一套范例。然而一套 UI 设计越贴近这些生活，越适应用户的习惯，越具备跨行业的通用性，就越是成功。

▌ 其七，是否能尽可能地做到"秀色可餐"。

利用"美"来达成引导玩家进行某项操作的目的远好于提供过多的新手帮助和文字引导。我们不妨举一个例子来说明这个问题。

▲
按钮设计 1

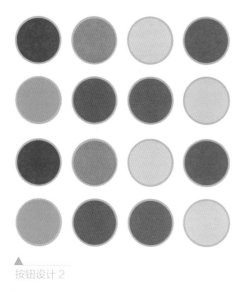

▲
按钮设计 2

两张图都是按钮，你更想点击哪一个？

4．游戏设计评判标准

我们在这里所说的设计，指的是游戏设计或是游戏策划。

我们已经花了太多笔墨在关于"点子"的探讨上。毫无疑问，点子是一款产品的灵魂，却不足以构成产品的全部。在从点子到一个完整的策划案的过程中，还有相当多的内容需要完善和补充，在这个过程中，我们可以试图对一套优秀的游戏设计建立一个相对中肯的评判标准，以此作为参照来提高游戏产品的品质。

其一，是否使你设计的"点子"更为突出。

一句俗语是：红花需要绿叶来衬托。

在游戏设计方面同样如此。在游戏设计的过程中要注重"点子"的"**保鲜**"。事实上我见过许多团队怀揣着一个"惊世骇俗"

的伟大"点子"，却在产品研发的过程中使这个"点子"流于平凡。

其二，是否拥有清晰的核心玩法。

首先需要确定的一点是，核心玩法并非我们所提及的"点子"，实则"点子"可以作为一款游戏的卖点、亮点和核心玩法，但它不一定也不必须成为一款手游产品的核心玩法。

一个关于核心玩法的判定简单有效的方法就是：

若游戏缺了某个元素就无法运行，则该元素即为玩法核心。

很多创业者执着于核心玩法上的创新，便通读所有的游戏模式，将其"精华"集中于产品的"核心玩法"之中，实则这种做法是不可取的。没有倾向性的中庸往往会导致我们以及用户对游戏定位的不明晰。一个简单的例子是：我们研发了一款核心玩法是换装与"三消"相结合的游戏，但喜欢"三消"的玩家很可能误认为它是换装而放弃它，喜欢换装的玩家也可能把它看作"三消"而弃之一旁。

一款游戏可以有多种玩法，但所有的玩法和设定都应该围绕核心玩法展开。这是一套优秀的游戏设计应当保证的。

其三，是否具备及时有效的用户活动反馈机制。

这一条的评判标准很简单，即：

当玩家沉浸在游戏中时，不论是点击按键、切换地图、记录画面，还是即时战斗，每一个操作都应当及时获得反馈。

我曾在过去的一篇文章里写到过这样的句子：

"玩法"可以定义为促进交互的系统；

"**交互**"则是玩家与游戏之间的对话；

"**对话**"是能让玩家产生所谓"游戏体验"的最重要途径。

尽可能完备的"对话"机制，是一款游戏产品游戏性的保证之一。

其四，是否有打击和漠视玩家之嫌。

游戏体验是一种自发活动，多数玩家体验游戏只是为了消遣。过度的惩罚机制会激起玩家的反感。

除此以外，在面对更困难的任务时，**玩家总希望能获得更高回报**。若此期望无法获得满足，那游戏就难以激起玩家体验兴趣。

三、从用户出发

我们试图为游戏产品的构成部分指定一系列的评判标准，这就好像对某大型设备所含的零件设定质量监督体系。

也许通过如上的例子许多人还对这套体系的制定原则有些疑问，实则答案很简单，我们唯一需要遵循的原则就是：

从用户出发。

因为被用户喜欢的游戏产品总是满足了用户诉求的，一个游戏就像是孩子，社会环境为它提供了成长环境，而玩家的需求在潜移默化中扶持着它的成长。只要恪守这条原则，我们非但很容易从自己的项目需求中找到适应实际产品的对游戏功能优化、游戏内容优化、游戏系统优化以及游戏界面优化的评判方案，甚至连许多往日不容易被注意到的细节都有了可遵循的标准和可供改进的余地。

这里有一个被我在其他文章中数次提及的例子，由于该案例的特殊和绝妙，我不得不在此进行一场老生常谈。

这个例子便是由日本开发商 HitPoint Inc. 研发、名为《猫咪后院》的猫咪题材养成类手游。《猫咪后院》可谓把这个"从用户出发"的原则发挥到了极致，甚至连广告的植入都被因为出于对用户体验的考虑被"包装"得温暖、贴心、与游戏内容毫无违和。

这款操作简单的养成类手游画风独特，背景设定温馨，而用户众多。然而许多玩家都不曾真正地意识到这款游戏中存在着广告的植入，甚至相当一部分的玩家都曾阅读过这些广告，却从未把它们划入"令人讨厌的广告"之列。

那么它的广告究竟是怎样展现的呢？

手游《猫咪后院》

玩家点击"菜单"图标之后会弹出操作，而系统界面右上角有一只嘴里叼着东西的小猫。点击猫咪后系统会弹出一个对话框："你要看一下 ××（猫的名字）叼回来的宣传单吗？"

手游《猫咪后院》场景一，注意右上角的小猫

手游《猫咪后院》场景二

　　这份所谓的宣传单就是开发商植入的广告。而且非常有意思的是，叼着宣传单的猫并非一定会出现。根据实际测试，用户点开系统菜单 10 次中大概只有 1 次会出现这只猫，且猫的种类也是随机决定。

　　我之所以在与同行或朋友的交流中反复提到《猫咪后院》的例子，是因为在广告的植入方面，的确再不曾见过比这款游戏设计得更为用心的作品了。我曾经还在一篇文章里写过这样一段话：

> **"这种植入式的广告正在启发着越来越多的开发团队。"**

　　令人感到遗憾的是，时隔一年，我却没有从手游市场多如牛毛的游戏产品中再有幸邂逅一款在广告植入方面有着如此为玩家着想的设计的游戏产品。

　　我希望"从用户出发"的"原则"能给更多正在创业或开发自己的产品的创业者及独立游戏人以帮助，同时我更希望我们能把这种原则渗透至游戏产品的每一个最细小的缝隙里去。

第六章

营销博弈

国内市场的手游营销案例似乎总是浩如烟海却乏善可陈。有人说是由于"渠道为王"的现实压缩了手游营销的想象空间，导致"无下限""毁三观"的吸量手段此起彼伏频频涌现。也有人说这都是不得已而为之，毕竟"渠道建设好，一好百好；渠道建设差，一输百输"。

就是由于这种思想使然，"渠道商"成了手游行业里的绝对"大哥"。不论如何，有了这群"大哥"们在手游营销方面的推波助澜，对于专注于独立游戏的创业者或者不打算依赖于渠道商的小型开发厂商而言，营销博弈无疑成了一场恶战。

一、关于发行商、渠道商和开发商的"牢骚"

我本不打算在这本书中再去"纠结"发行商、渠道商与开发商的关系。因为**优秀的产品绝不会缺乏发行商和渠道，而低劣的产品无论因运气出众结交了怎样的"贵人"也都是徒劳**。而拥有了发行商和渠道商作为强大靠山的创业团队已经不需要再去探讨本章要讲述的"营销"问题，至于孤军作战的独立开发者也不大需要了解渠道和发行究竟是怎么一回事。

但话已至此，正如"箭在弦上不得不发"。未免还有一部分开发者始终对开发商、渠道商和发行商的关系似懂非懂一知半解，我在这里做一个简单的阐述和补充：

绝大多数手游行业的创业者都属于**开发商**，也就是产品的生产者，是基本的生产力，没有生产力，就不会有市面上五光十色千姿百态的手机游戏；

发行商是手游产品的运作者，有了运作者，手游产品便拥有了更专业更丰富的推广资源，可以被更容易地推广和发行；

而**渠道商**是这条运作之路上的铺路人，拥有着巨大的用户基础，可以为其上游的开发商和发行商带来利润，因而备受推崇。

我们不得不承认渠道商和发行商对手游行业的日益发达功不可没，但同样的，我们也必须承认现如今国内手游行业的"乌烟瘴气"以及独立游戏开发者们日益恶劣的生存境况和他们脱不了干系。

一些"无良"的发行商和渠道商以"资源"和"利益"为诱

饵无限压榨开发者是行业内不争的事实，而把一款一款手游的营销方案炒至天价，也实属他们的手笔。

对于目前的中小型开发商来说，在这样的生存现状下，**只有研发出真正优秀的产品才是切实保护自己利益的有效武器。**

二、"烧钱"和"营销"

我们前面已经谈及发行商和渠道商在手游市场上凭借其"翻手为云覆手为雨"的肆意妄为的现状，也提及了因他们而始的堪称"千姿百态"毫无"下限"可言的营销策略。有人说渠道商和发行商的思路已经越来越令人感到匪夷所思，那么当下的手游行业在营销方面究竟是怎样一种现状呢？

1. 从四个"匪夷所思"的营销案例看业内营销现状

其一，美女营销，从女优到女神。

我们说过在产品方面要处处以"从用户出发"作为原则，然而在手游营销中，无数的发行商本着该原则把**"噱头"**的设计做到了极致。出于对广大玩家审美诉求的考量，美女元素在推广游戏过程中被广泛应用。

非常典型的一个例子是由国民女神林志玲代言的由游族网络研发的手机网游**《女神联盟》**，而另一个更为吸睛的例子则是由日本女优上原亚衣代言的手机网游《新神曲》，有人评价其拍摄尺度堪比 AV。

无独有偶，在 2015 年国内最大的游戏展 Chinajoy 上，一款名为**《挂机吧公主》**的游戏竟然请来了一名面容姣好的女模特在脖子上挂了两个情趣用品以博眼球。

其二，裸奔和跳楼，手游营销挑战谁的底线？

于 2014 年发布上线的游久时代旗下手机游戏**《酷酷爱魔兽》**在开服当日，依照游久官方说法，因游戏开服不足一小时内登录玩家过多，导致服务器宕机 43 分钟。因此，游久公司在加开服务器、补偿礼包的同时，还勒令运营人员集体"裸奔"并拍照为证。

在游久公布的照片上，我们能看到 8 名员工不论男女都脱得只剩内衣举着"亲爱的玩家对不起"的字样在镜头前与我们"坦诚相见"，一时间引起轰动传为新闻。

而也在同年，在美峰数码手游**《君王 3》**开服首测的日子，同样因游戏开服不足一小时的时间里由于玩家的成批涌入，该游戏服务器被"冲爆"。美峰领导暴跳如雷，给项目负责人开出了公司史上最重的差错罚单——扣除该负责人本月工资及未来三个月的奖金，继而这位项目负责人冲向天台想要轻生。

"玩家过多，怪我咯？"

这两条疑似营销的消息乍一眼望去似乎只是产品负责人为了玩家过多，服务器被"爆机"而做出的补救手段，然而若你是一名"久经沙场"、在手游圈混迹已久的业界"老司机"，那么恐怕你会对此不屑一顾地微微一笑。

至于原因，我们只消欣赏一下下面的新闻标题就能大致明白一二：

《机动骑士》手游开服人数爆满，加开服务器；

《我叫 MT》PC 版服务器爆满宕机官方发符石致歉；

《神佑》首测火爆 服务器排队 3000 人爆满；

《热血英雄》公测开服情况紧急公告；

《三国战神》内测服务器爆满 紧急加开；

……

恐怕这些夺人眼球耸人听闻的新闻简介足以让绝大部分的资深玩家面面相觑：你们真的有那么火爆？

"爆机"神话数年来持续上演，殊不知，神话与笑话，只有一步之遥。

其三，当手游广告走上荧屏。

从 2013 年开始，手机游戏广告出现在电视、电影荧幕的次数已经越来越多。

乐元素旗下的《开心消消乐》成功夺人眼球地登上了 2015 年的央视春晚；独创新招把游戏内容融入综艺节目《女神的新装》的休闲手游《暖暖环游世界》；几乎垄断了热播剧《龙门镖局》手机端前贴片广告的手机网游《武侠 Q 传》；还有花费巨资购买了北京、广州、深圳、南京 4 个城市的影院荧幕广告的《王者之剑》。

荧屏广告逐渐被手游占领，业界大佬们玩得兴致正浓，资深玩家们早已经见多不怪。

其四，社交网络的新战场。

我们讨论手游行业如今的诸多怪现象，常常免不了提及 2013 年。2013 年是手游行业崛起的一年，在那一年里，国内有一款里程碑式的产品刷新了人们对于手游营销的认知，那便是由盛大代理的手机网游《扩散性百万亚瑟王》，并开启了大规模社交网络营销的先河。

从 2013 年 5 月 27 日起，盛大便开始着手新浪微博的宣传和推广。同年 7 月，盛大在新浪微博发起名为"二次元入侵"的话题活动。7 月中旬开始，各路微博"大 V"开始加入游戏宣传阵营：使徒子、小矛等微博上的漫画作者绘制了植入《扩散性百万亚瑟王》游戏的漫画，在网络红人李铁根、天才小熊猫、叫

兽易小星、马里奥小黄、妖妖小精等用户的转发下急速扩散，最终转发量都超过 2 万。除此之外，快乐大本营的主持人、包含唐嫣在内的多位知名影视演员，以及 AV 女星波多野结衣加入游戏信息的转发和扩散战队，这让游戏《扩散性百万亚瑟王》赚足了曝光率。

自此，一批又一批的厂商把资金砸向了社交网络。

我想，通过这 4 个例子，我们对手游行业的营销现状已有了一个大致的了解，作为中小型开发商，想在这种如火如荼的手游营销大潮里与行业大鳄们争夺一席之地，我们有机会吗？

接下来，我们都会找到答案。

2．两份报价单和一场反思

有人说手游的营销方式无非程咬金的三板斧：

先是请一位足够赚人眼球的明星代言，把广告推向各大 App 和电视荧屏；

继而引发个社会化事件，雇用微博段子手编故事制造话题；

最后在游戏媒体面前谎报数据，津津有味地讲述自己的产品是如何在公测第一天就出现了流水千万、服务器如何被疯狂的玩家挤爆的"惊心动魄"之经历。

有人说着"三板斧"上演了许多年还未停歇，连说得人提及都已然味同嚼蜡，演的人却还不知疲倦。

还有人说，这"三板斧"看上去平平无奇，换谁都做得来。

然而事实上，这些看上去毫无建设性的拼下限夺眼球的营销之法，却绝非中小游戏研发厂商"玩"得起的，如若不信，看下面两份报价单。

其一，2015年中央电视台CCTV-1综合频道的广告价目表。

栏目	播出时间	刊例价格（单位：元）			折扣
		5秒	10秒	15秒	
《朝闻天下》 CCTV-1和 CCTV-新闻同步播出	A套 周一至周日 6：55～7：55	53100	79600	99500	8.5折
	C套 周一至周日 6：20～7：15				
	D套 周一至周日 6：35～7：30				
	E套 周一至周日 6：10～8：10				
	B套 周一至周日 6：10～8：10	44700	67000	83800	
	F套 周一至周日 8：25	28700	43000	53800	
《新闻联播》前	周一至周五 18：48～18：55	98000	146000	169800	具体折扣视最终投放量和投放时长而定，最低5折
	广告播出时间 18：48～18：55				
《寻宝》	周六 18：05～18：55				
	广告播出时间 18：48～18：55				
《正大综艺》	周日 18：05-18：55				
	广告播出时间 18：48～18：55				
全天套 MINI 版		73000	110000	137000	
全天套		133000	203000	256000	
《新闻30分》	周一至周日 12：00～12：30	116000	174000	218000	
《晚间新闻》	周一至周日 22：00～22：30	134000	202000	252000	

其二，社交网络营销费用一览。

根据一份从知名广告平台城外圈得到的数据可以看出，粉丝数在100万左右的普通新浪微博认证用户，广告转发和直发的价格在500～1500元人民币之间，其中转发价比直发价低100～300元不等。

而粉丝数在千万级的普通微博用户，转发与直发价格在3000～5000元之间。从订购数量来看，订单多少取决于其"性价比"。

也许你觉得这样的价位并不算高，我们可以再来了解一下明星微博用户的报价。

以各界明星为例，知名影星林志颖的转发与直发参考报价为 32 万元左右，而知名演员唐嫣的参考报价则在 45 万元上下。至于郭敬明，其广告参考报价已经高达 65 万元。

与明星相比，网络红人的价格就要显得"实惠"许多。以微博大号留几手为例，其广告直发与转发的参考报价为 8 万元左右，芙蓉姐姐为 10 万元左右，其余用户的价格依据其火爆程度从数千元到数十万元不等。

正如我们所见，这两份报价单只是这"三板斧"中的"两板斧"内有据可查的冰山一角，如果要再算上动辄数百万元的明星代言费和知名 App 内的广告植入费用，想必便更加令人叹为观止了。

我无意去渲染营销费用的"天价"，因为对绝大多数创业者而言，这些都与我们没有丝毫关系，对我们而言，若是真想在这种如火如荼的手游营销大潮里与行业大鳄们争夺一席之地，玩产品远比玩资本更有胜算。

而对于一款连留存率都无法保证的游戏产品，即便在营销方面拼得倾家荡产也徒劳无功。

业内有一句鲜有人知的逆耳忠言，可称得上是至理名言，这便是：

没有留存，别谈营销。

三、花小钱，办大事

我们总是在强调把精力放在产品上，我们既然信奉"产品为王"，那么营销便不做了吗？

自然不是。因为除了效仿行业巨头们的"一掷千金"之外，我们还有很多行之有效的方案可以实施。

事实上，只要我们花费一点时间和努力，那么无论是 iOS 平台的 App Store 还是 Android 平台的 Google Play，我们的游戏都能够被更多的人发现并使用。"花小钱，办大事"并非异想天开。

1. 从产品入手

其一，游戏名称的斟酌。

手机游戏的同质化问题早已凸显，然而除了在核心玩法和界面设计上的同质化之外，许多研发商在手游的命名上为了与知名游戏作品能够"沾亲带故"，可谓是煞费苦心。

非常有名的例子便是前文提及过的《**1024**》和《**2048**》。而另一个很有趣的例子是红极一时的 **Flappy Bird** 的山寨产品们，在取名上可谓费尽了脑细胞：*Tappy Bieber*、*Annoying Flappy Fly*、*Flappy Monsters*……

再如国内因腾讯 QQ、微信平台接入手游后掀起的"天天"风暴，什么《天天斗地主》《天天爱西游》《天天俄罗斯》《天天三国》……数不胜数，见之不胜反感。

实则无论是出于跟风效仿攀亲结故之心态，还是基于"背靠大树好乘凉"的考虑，在游戏名称上的考量的确是很有必要的。

iOS 应用的名称可长达 255 个字符，Google Play 商店对应用名称的要求是上限 30 个字符。

许多开发者试图将自认为有潜力的关键字尽可能多地融入标题中其实是没有必要的，因为无论什么平台，玩家往往只会关注

前 25 个字符，过多的赘述反倒会成为干扰项，且看上去相当不专业。

我们在选择游戏名称的时候最重要的便是避免名称的雷同和相似，指望着与热门作品"攀亲结故"的策略只会为我们带来更多的竞争。如何准确描述我们的产品，让它看上去既不死板无趣也不至于轻佻浮夸对产品的营销百利而无一害。

▌ 其二，准确而具有吸引力的游戏描述。

一款应用的描述往往被要求**简单明晰开门见山**，一款手机游戏同样如是。

如果玩家能用最快的速度浏览并读懂我们的游戏玩法和游戏特色，那么他们中的目标用户也会用同样快的速度决定下载我们的游戏。

我们不应该浪费过多的字数和空间在记叙与游戏无关的信息上，这会让我们显得不专业，并且有可能会成为玩家在阅读游戏产品核心概要时的干扰项。

当游戏玩法过于繁复庞大或者难以被准确描摹的时候，我们可以把玩家受众写在最前列，以保证准确吸引目标用户继续阅读后面的内容，或者下载我们的游戏。

如果我们的游戏此时已经在全国乃至世界范围内获得了诸多好评，不要吝啬，不妨大胆地"晒出"我们的五星评论，玩家的看法更容易引起共鸣，这会使我们的目标用户在体验产品之前便对我们的游戏好感度倍增。在这点上，一个非常好的例子是虚拟宠物养成游戏**《我爱琪琪》**（*I Love CHiCHi*），在这款游戏的描述里，开发者贴上了世界各地玩家的反馈。

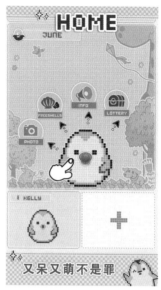

手机游戏《我爱琪琪》

在撰写商店列表的描述时，我们必须谨慎对待的一个问题是：

不要为了一时的流量而"夸大其词"。

我们可以在修辞方式上尽可能地美化我们的产品，但是一定不能提供虚假信息。过分夸张的"溢美之词"有可能使我们收到 App Store 的警告，我们的游戏产品也很可能会因为描述与事实不符而背上骂名。

对于具有地域性目标市场的游戏产品，开发者需要调整关键字，并使用符合本地说法的描述。

其三，精心选择游戏截图。

移动应用开发领域的专家都赞同截图和图标是应用视觉推广

的两个最为重要的工具。在 App Store 里，我们至少需要上传一张游戏截图，而且可以自行选择是否增加另外四张图片，也就是说：

> **我们可以添加的截图数量上限为 5 张，而在 Play Store 能放 8 张。**

第一张截图就像是第一印象，这是截图中最重要的一个，因为玩家们只要浏览我们的游戏就会看到它，而且可以通过这张截图了解到游戏的内容，所以第一张截图必须美观大方。在选择上传这些图片的时候，我们需要花费简短的时间，并按照我们的需求考虑它们之间的**排列顺序**。

在挑选游戏截图的时候我们常常会思考这样一个问题：

是否要在选好的图片上再加上一些文字描述和介绍？

有的时候，在一些已经足够美观并且内容展示清晰的游戏截图上添加文字无异于画蛇添足，不但会破坏游戏画面本身的完整性和美感，还会让体验过游戏之后的玩家产生一种"描述与内容"不符的错觉。然而如果截图本身不能够完美传达你想要的信息，那么就需要考虑增加文本，文本的选择和增加也不外乎强调如下几方面：游戏核心玩法、游戏操控特色、游戏深度内涵，或者展示以下销量和其他玩家的评价。

在这个问题上，我曾犯过一个十分愚蠢的错误，那就是在对游戏 UI 风格一目了然的游戏截图之上，添加了对 UI 的概要和描述。

除此以外，我们还应该注意以下几点：

不要加入太多文本，大多数时候，一两句就足矣；

不要把图片制作得太过花哨，它往往起不到很好的展示效果；

不要把游戏中不存在的图片当作截屏发布在应用商店里，真实很重要；

不要让我们的截图看上去太模糊。

▌ 其四，为游戏精心挑选分类。

一般情况下，对分类的选择我们都会这样建议：

未免我们的游戏无法被目标受众发现，一定要浏览一下商店中的游戏分类列表，选择最准确的分类。

事实上，另一种可借鉴的做法是：

▌ 同时选择与我们的产品沾边的几个子分类。

某些子分类下丝毫也不激烈的竞争很可能给我们带来优势——我们的产品可能会出现在某些榜单的前几名。但是我们不能在产品完全不符合的情况下故意挑选这样的子分类，这有可能会给我们的产品带来差评和损失。

▌ 其五，视频预览或者推广视频。

Google Play Store 和 App Store 都可被放置游戏预览短视频。完整的预览视频比图片或者文字介绍的效果都好很多，但要注意的是，在 App Store 里，视频的长度需要在 15 秒到 30 秒之间。

不论视频预览还是截图，都需要确保它们展示了游戏的关键功能，并且要保证易于理解。正所谓"眼见为实"，**一个合适的**

画面往往比得上数千句描述。

其六，优化游戏图标。

每天有成百上千万的用户利用各种的应用商店（例如始终被我们作为例子讨论的 Google Play Store 和 App Store）搜索游戏和应用软件，而无一例外，图标正是一般用户与游戏或应用产品的第一次相遇。

软件图标，对于一个已对它有所了解的用户而言，只有辨别作用，而对于初次相逢的用户来说，恐怕还有审美需求。因此，让图标变得更美、更夺人眼球是至关重要的一点。

与此同时，在不同的平台上，同一款产品的图标应保证一致性，避免让用户产生困扰。有调查显示，优秀的应用或游戏图标能提高 30% 的下载量，足以见得图标的优化在小成本营销策略中占据着多么重要的地位。

对于软件图标的优化和改进，这里有一些业内公认的意见：

不要在图标里加入文字（应用或游戏本身就具有自己的名字，并且会在智能手机中显示）；

让图标更简单且更易于识别；

让图标和游戏内界面保持和谐一致；

不要使用过多的图层混合模式。

其七，关键字。

在 Google Play Store 中，关键字只存在于应用的标题与描述中。而在 App Store 中则好得多，我们拥有专门的区域用来输入多个关键字或标签（最多 100 个字符），关键字之间不要用空格浪费空间，因为对一般用户来说，这部分内容是不可见的。

最行之有效的方法是快速联想并搜集我们所能想到的一切与我们的产品相关的内容，包括与之联系密切的**长尾关键字、同义关键字、竞争对手常用关键字、应用商店建议关键字、相关搜索结果**以及我们的游戏产品的**产品描述**。继而从中筛选，不断缩小范围，最终选出相对而言的"最优解"。

其八，关注玩家评论与反馈。

在手游行业，"口口相传"的神话始终存在着。2015 年美国游戏业贸易集团，娱乐软件协会（ESA）发布了一份关于美国人的手游习惯和地点的调研结果，结果有些出人意料。

大约 22% 的手游玩家表示，他们在进入手游平台前从未玩过游戏；大约 46% 的手游玩家表示，他们此前虽然玩过游戏，但频率非常低，进入手游平台之后，频率提高了很多。在性别方面，女性平常每天玩手游的比例高于男性，分别为 43% 和 36%。

而在发现手游方面，受调查者表示他们大多数都是通过"口口相传"的方式知道一款手游（事实上这部分人群占比 50%），其次是和朋友或者家人一起玩的时候发现（占比 31%），另外就是通过社交网络得知（占比 25%）。

简而言之，很多人会根据朋友、家人或熟人的推荐下载移动应用。

另一个很贴切的说法是：

一款游戏的优劣从其是否需要推广这个问题上就看得出来。

及时针对游戏玩家的建议做出产品调整，并且在社交网站耐心回答他们的疑问，不但能使我们的产品不断完善，同时可以让

玩家对我们的产品好感度倍增。

除此以外，社交游戏之所以如此流行在于：

玩家和玩家间便捷有效的互动，可以把现实中的朋友圈转移到游戏中。在我们的游戏产品中加入一个"一键分享"或者"邀请朋友"的功能，对我们游戏产品的扩散和传播极为有利。

如果可以，在游戏中加入新浪微博、QQ、微信、Facebook、Twitter 的第三方 SDK 来分享游戏内容或定向邀请好友进入游戏是个不错的主意。

2. 从市场着手

其一，借助社交网站造势。

对于一款手游来说，其产品类型性质决定了其非常适合在短时间内进行大量堆集推广的特点。比较行之有效的方法是专注于精准地找到潜在的用户群，通过策划制造颇具创意的推广话题、发布有趣的游戏截图和简短的游戏宣传视频为游戏制造兴奋点和曝光度。

我们可以通过 Facebook 和 Twitter 等社交工具，查找具有影响的行业内人士或资深评论员，可以通过发送邮件等方式，请求他们提供有价值的信息或推广机会。当然适当收起我们自命清高的态度参加一下类似于 GDC（Game Developers Conference，游戏开发者大会）这样的盛会也是不错的办法。学那些大小游戏研发厂商一样，撰写一些所谓的经验和体会，这种积极的原创宣传信息更容易获得玩家的尊重。

对于已经发布的产品而言，开设一个专门的社交网络账号用于和玩家互动以及及时收到反馈也十分重要。

其二，应用推荐网站和游戏论坛。

2013年清明节，我们的两款名不见经传的轻量级解谜手游《爬爬喵》和《喵喵拖线线》因被国内某知名 iOS 端应用推荐类网站首页推荐而在一夜之间攀上了在其自身的生命周期内 iOS 端日下载量达到 2 万的高峰。

自此我发现，我的朋友们当中也不乏善于毛遂自荐的创业者，主动联络小编让他们获益匪浅。

其三，自荐信。

有很多人多年来都在孜孜不倦地追求着同一个问题："我们怎样才能登上 App Store 的推荐？"

事实上，App Store 全球的团队目前已经覆盖了 180 个国家和地区，有大约 30 个国际团队，涵盖 60 多种不同的语言。一个行之有效的办法是：用我们熟悉的语言为 App Store 写一封自荐信。

这真的靠谱吗？

曾任职于 Apple 公司主管 App Store 版块的 Greg Essig 曾在网络上透露过一些有关 App Store 审核和推荐的"真相"：

"App Store 有几个专门的邮箱来处理这些请求，如果开发者有想要被推荐的游戏，可以发送邮件到 App Store 的指定联系邮箱。开发者在邮件里应该首先描述该游戏产品的特点和为什么苹果应该推荐这些游戏，最好附上游戏的视频和开发者自己的宣传计划，苹果商店会有人处理这些邮件。"

而另一个值得一提的"真相"是：

"**如果不主动去联系苹果商店，你的游戏可能会永远得不到推荐**，尤其是那些已经上线的游戏。**因为审核游戏上架的人和推**

荐游戏的编辑团队是完全不同的。如果你认为自己的游戏很棒，那么千万不要坐等推荐，否则，你很可能会大失所望。"

主动联系 App Store 团队，这对众多"烧不起钱"、拼不起资源和渠道的创业者来说，无疑是一场非常公正的、完全有关于产品的竞争。

▎其四，交叉推广。

在国外的手游市场中早有交叉推广的成功案例。据国外媒体报道，风靡世界的游戏《部落战争》（*Clash of Clans*）来到日本后，发现在日本市场策略游戏受欢迎程度并不高，与《智龙迷城》通过交叉推广合作后迅速登顶日本 App Store 免费榜首，收入翻了 3 倍。

这种"强强联合"的合作模式在不影响游戏用户体验前提下有着较佳的转化率，为产品带来了更大的发展空间。

除此之外，对中小型创业者来说更为"经济实惠"的"以强代弱"的推广模式也能收获奇效。

例如，因**《2048》**而大获成功的 Ketch App 在其产品《2048》内推广了其公司的其他产品，均获得了不错的结果。

尾声

　　"如果你投身手游行业有相当一部分原因是为了所谓的'实现人生价值'，那么我会告诉你，做游戏就是做自己的上帝。"

　　但凡写书便会有"昧着良心"之嫌，就如我在全书的开篇之时写下这个句子的时候，曾满心希冀着能有机会阅读到这本书的朋友们都是一群"人生价值"坚定不移的践行者，然而我用洋洋洒洒的近 10 万字讲述了一个"为了赚到第一桶金"的创业者该如何本着"从用户出发"的理论做产品的问题，不得不承认，这有点讽刺。

　　实则这一点正体现了相当一部分创业者内心的矛盾：货真价实的"真金白银"是否能对等于人生价值？

　　在面对一款优秀的、且能带来丰厚利润的游戏作品的时候，它们无疑是高度统一的。然而在大多数时候，我们很可能要面临另一种抉择：是否植入广告牺牲体验，是否和发行商与渠道商合作却受制于人，是否多加一些付费机制舍弃一部分"情怀"，是否根据某篇文章内的营收理论对产品进行修改宁愿冒着产品"面目全非"的风险……在一款手游产品的开发中，这种例子几乎数不胜数，烦不胜烦。

　　我们把这一切问题的答案寄希望于理论、经验和教程，殊不知：但凡理论，在实践过程中一定有所折损；但凡经验，往往在

复制失败之后才明白它一定有其适用的前提条件；但凡教程，也不过只是你我这样的凡人所写，大而泛泛，不够符合我们自身的"国情"。

这正是：纸上谈兵易，付诸实践难。

我相信有无数手游行业的开发者和创业者在博览各类理论书籍之后，每每做出决策，还是免不了多少依托于人们对游戏最原本的追求：本能和直觉。

不必责怪自己，这本就是人之常情，更何况面对一个时下热门、业内经验大多都未经验证的新兴行业，靠自己去探索未必就会走什么弯路，未必就不能开辟出另一片天地。

在全书的最后，我愿意把让我自己获益匪浅的**两个"要"**和**两个"不要"**分享给大家，即：

不要过度迷信包括这本书在内的任何一本"创业指导书"里的内容；

不要过度关注任何一个竞争对手和行业媒体（事实上我已经屏蔽了社交软件中的所有同行）。

要经常回顾团队发展和产品研发中的里程碑事件；

要秉承着开放的胸怀把有限的精力运用于无限的产品探索上。

祝你好运！

（全书完）

附录 1
游戏行业术语对照表

一、缩写对照表

1. ACU（Average Concurrent Users）：平均同时在线玩家人数

2. AU（Active Users）：活跃用户

3. APA（Active Paying Account）：活跃付费账号

4. ARPU（Average Revenue Paying User）：付费用户平均贡献收入

5. AccRu（Accumulated Registered Users）：累积注册用户

6. AccAu（Accumulated Active Users）：累积活跃用户

7. AccPu（Accumulated Paying User）：累积付费用户

8. Alpha：公司内部测试，主要测试技术层

9. Bata：公司内部测试版，主要测试应用层

10. CB（Close Beta）：封闭式对外测试，主要测试内容层

11. CCU（Concurrent User）：同时在线人数

12. CPA（Cost Per Action）：每行动成本，指按广告投放实际效果，即按回应的有效问卷或定单来计费，而不限于广告投放量

13. CPC（Cost Per Click）：每点击成本，以每点击一次计费

14. CPM（Cost Per Mille 或 Cost Per Thousand）：每千人成本，指的是广告投放过程中，听到或者看到某广告的每一人平均分担到多少广告成本

15. CPS（Cost Per Sales）：以实际销售产品数量来换算广告刊登金额

16. CPR（Cost Per Response）：每回应成本，指以浏览者的每一个回应计费

17. CPP（Cost Per Purchase）：每购买成本，广告主为规避广告费用风险，只有在网络用户点击旗帜广告并进行在线交易后，才按销售笔数付给广告站点费用

18. CPL（Cost Per Leads）：以搜集潜在客户名单多少来收费

19. CTR（Click Through Rate）：广告点击率

20. DAU（Daily Activited Users）：日活跃用户

21. DNU（Daily New Users）：每日游戏中的新登入用户数量

22. MAU（Monthly Activited Users）：月活跃用户

23. OB（Open Bata）：游戏公开测试、开放性测试，商业化模拟试运营

24. PCU（Peak Concurrent Users）：最高同时在线玩家人数，PCU= 24 小时内同时在线最高达到人数

25. PU（Paying User）：付费用户

26. PUR（Pay User Rate）：付费比率，PUR=APA/AU

27. RU（Registered User）：注册用户

28. PPC（Pay Per Click）：点击付费广告

29. PPS（Pay Per Sale）：根据网络广告所产生的直接销售数量而付费的一种定价模式

30. LTV（Life Time Value）：生命周期价值

31. TS（Time Spending）：用户平均在线时长

34. WAU（Weekly Active Users）：周活跃用户

二、公式对照表

1. 留存率 = 登录用户数 ÷ 新增用户数（一般统计周期为天）

2. 次日留存率 =（当天新增的用户中，在第 2 天还登录的用户数）÷ 第 1 天新增总用户数

3. 第 3 日留存率 =（第 1 天新增用户中，在往后的第 3 天还有登录的用户数）÷ 第 1 天新增总用户数

4. 第 7 日留存率 =（第 1 天新增的用户中，在往后的第 7 天还有登录的用户数）÷ 第 1 天新增总用户数

5. 第 30 日留存率 =（第 1 天新增的用户中，在往后的第 30 天还有登录的用户数）÷ 第 1 天新增总用户数

6. 新增活跃用户数 = 首次上线游戏的用户数

7. 流失活跃用户数 = 上期有过登陆，在本期未登陆的用户数

8. 回流活跃用户数 = 上期未登陆，在本期有登陆的用户数

9. 活跃用户流失率 = 本月流失用户 ÷ 上月活跃用户

10. 活跃用户充值率 = 本月活跃付费用户 ÷ 本月活跃用户

11. 活跃用户在线时长（单位 / 小时）= 当期所有活跃用户在线时长总和 ÷ 当期活跃用户数

12. 付费用户在线时长（单位 ÷ 小时）= 当期所有付费用

户在线时长总和 ÷ 当期付费用户数

13. 新增活跃用户充值率 = 本月内有充值的新增登录用户 ÷ 本月总新增登录用户

14. 新增活跃用户高活跃率 = 本月新增登陆用户中的高活跃用户数 ÷ 本月新增登陆用户数

附录 2
手游行业常见机型界面尺寸规范

一、iPhone 界面尺寸

设备	屏幕分辨率	图像分辨率	状态栏高度	导航栏高度	标签栏高度
iPhone6 plus 设计版	1242×2208 px	401PPI	60px	132px	146px
iPhone6 plus 放大版	1125×2001 px	401PPI	54px	132px	146px
iPhone6 plus 物理版	1080×1920 px	401PPI	54px	132px	146px
iPhone6	750×1334 px	326PPI	40px	88px	98px
iPhone5/5C/5S	640×1136 px	326PPI	40px	88px	98px
iPhone4/4S	640×960 px	326PPI	40px	88px	98px
iPhone/iPod Touch 第一代、第二代、第三代	320×480 px	163PPI	20px	44px	49px

二、iPhone 图标尺寸

设备	App Store	程序应用	主屏幕	Spotlight 搜索	标题栏	工具栏和导航栏
iPhone6 plus（@3×）	1024×1024 px	180×180 px	114×114 px	87×87 px	75×75 px	66×66 px
iPhone6（@2×）	1024×1024 px	120×120 px	114×114 px	58×58 px	75×75 px	44×44 px
iPhone5/5C/5S（@2×）	1024×1024 px	120×120 px	114×114 px	58×58 px	75×75 px	44×44 px
iPhone4/4S（@2×）	1024×1024 px	120×120 px	114×114 px	58×58 px	75×75 px	44×44 px
iPhone/iPod Touch 第一代、第二代、第三代	1024×1024 px	120×120 px	57×57 px	29×29 px	38×38 px	30×30 px

三、iPad 界面尺寸

设备	屏幕分辨率	图像分辨率	状态栏高度	导航栏高度	标签栏高度
iPad3/4/5/6/air/air2/mini2	2048×1536 px	246PPI	60px	132px	146px
iPad1/2	1024×768 px	132PPI	54px	132px	146px
iPad mini	1024×768 px	163PPI	54px	132px	146px

四、iPad 图标尺寸

设备	App Store	程序应用	主屏幕	Spotlight 搜索	标题栏	工具栏和导航栏
iPad3/4/5/6/air/air2/mini2	1024×1024 px	180×180 px	114×114 px	100×100 px	50×50 px	44×44 px
iPad1/2	1024×1024 px	90×90 px	72×72 px	50×50 px	25×25 px	22×22 px
iPad mini	1024×1024 px	90×90 px	72×72 px	50×50 px	25×25 px	22×22 px

五、Android SDK 模拟机的尺寸

屏幕大小	低密度（120）	中等密度(160)	高密度（240）	超高密度(320)
小屏幕	QVGA（240×320）		480×640	
普通屏幕	WQVGA400(240×400) WQVGA432(240×432)	HVGA(320×480)	WQVGA800（480×800） WQVGA854（480×854） 600×1024	640×960
大屏幕	WQVGA800（480×800） WQVGA854（480×854）	WQVGA800（480×800） WQVGA854（480×854） 600×1024		
超大屏幕	1024×600	1024×768 1280×768 WAGA（1280×800）	1536×1152 1920×1152 1920×1200	2048×1536 2560×1600

六、Android 的图标尺寸

屏幕大小	启动图标	操作栏图标	上下文图标	系统通知图标（白色）	最细笔画
320×480 px	48×48 px	32×32 px	16×16 px	24×24 px	不小于 2px
480×800 px 480×854 px 540×960 px	72×72 px	48×48 px	32×32 px	36×36 px	不小于 3px
720×1280 px	48×48 dp	32×32 dp	16×16 dp	24×24 dp	不小于 2dp
1080×1920 px	144×144 px	96×96 px	48×48 px	72×72 px	不小于 6px

七、Android 安卓系统 dp/sp/px 换算表

名称	分辨率	比率 rate（针对 320px）	比率 rate（针对 640px）	比率 rate（针对 750px）
idpi	240×320	0.75	0.375	0.32
mdpi	320×480	1	0.5	0.4267
hdpi	480×800	1.5	0.75	0.64
xhdpi	720×1280	2.25	1.125	1.024
xxhdpi	1280×1920	3.375	1.6875	1.5

八、主流 Android 手机分辨率和尺寸

设备	分辨率	尺寸	设备	分辨率	尺寸
魅族 MX2	4.4 英寸	800×1280 px	魅族 MX3	5.1 英寸	1080×1280 px
魅族 MX4	5.36 英寸	1152×1920 px	魅族 MX4 Pro	5.5 英寸	1536×2560 px
三星 GALAXY Note 4	5.7 英寸	1440×2560 px	三星 GALAXY Note 3	5.7 英寸	1080×1920 px
三星 GALAXY S5	5.1 英寸	1080×1920 px	三星 GALAXY Note II	5.5 英寸	720×1280 px
索尼 Xperia Z3	5.2 英寸	1080×1920 px	索尼 XL39h	6.44 英寸	1080×1920 px
HTC Desire 820	5.5 英寸	720×1280 px	HTC One M8	4.7 英寸	1080×1920 px
OPPO Find7	5.5 英寸	1440×2560 px	OPPO N1	5.9 英寸	1080×1920 px
OPPO R3	5 英寸	720×1280 px	OPPO N1 Mini	5 英寸	720×1280 px
小米 M4	5 英寸	1080×1920 px	小米红米 Note	5.5 英寸	720×1280 px
小米 M3	5 英寸	1080×1920 px	小米红米 1S	4.7 英寸	720×1280 px

设备	分辨率	尺寸	设备	分辨率	尺寸
小米 M3S	5 英寸	1080×1920 px	小米 M2S	4.3 英寸	720×1280 px
华为荣耀 6	5 英寸	1080×1920 px	锤子 T1	4.95 英寸	1080×1920 px
LG G3	5.5 英寸	1440×2560 px	OnePlus One	5.5 英寸	1080×1920 px

九、主流浏览器的界面参数与份额

浏览器名称	状态栏	菜单栏	滚动条	国内市场份额
Chrome 浏览器	22 px（浮动出现）	60 px	15 px	8%
火狐浏览器	20 px	132 px	15 px	1%
IE 浏览器	24 px	120 px	15 px	35%
遨游浏览器	24 px	147 px	15 px	1%
搜狗浏览器	25 px	167 px	15 px	5%
360 浏览器	24 px	140 px	15 px	28%

十、系统分辨率统计

分辨率	占有率	分辨率	占有率
1336×768 px	15%	1440×900 px	13%
1080×1920 px	11%	1600×900 px	5%
1280×800 px	4%	1280×1024 px	3%
1050×1680 px	2.8%	320×480 px	2.4%
480×800 px	2%	1280×768 px	1%